Sebastian Peukert

Kinetische Untersuchungen zur Pyrolyse von Kohlenwasserstoffen

Sebastian Peukert

Kinetische Untersuchungen zur Pyrolyse von Kohlenwasserstoffen

Stoßwellenexperimente und kinetische Modellierungen zur Pyrolyse von Kohlenwasserstoffen und zur Wasserstoffatomabstraktion von Cyclohexan

Südwestdeutscher Verlag für Hochschulschriften

Imprint
Any brand names and product names mentioned in this book are subject to trademark, brand or patent protection and are trademarks or registered trademarks of their respective holders. The use of brand names, product names, common names, trade names, product descriptions etc. even without a particular marking in this work is in no way to be construed to mean that such names may be regarded as unrestricted in respect of trademark and brand protection legislation and could thus be used by anyone.

Publisher:
Südwestdeutscher Verlag für Hochschulschriften
is a trademark of
Dodo Books Indian Ocean Ltd., member of the OmniScriptum S.R.L Publishing group
str. A.Russo 15, of. 61, Chisinau-2068, Republic of Moldova Europe
Printed at: see last page
ISBN: 978-3-8381-2571-8

Zugl. / Approved by: Karlsruhe, KIT, Diss., 2011

Copyright © Sebastian Peukert
Copyright © 2011 Dodo Books Indian Ocean Ltd., member of the OmniScriptum S.R.L Publishing group

Die vorliegende Dissertation war inhaltlich im Teilprojekt A2 des Sonderforschungsbereiches 606 der DFG angesiedelt und entstand im Rahmen meiner Tätigkeit als wissenschaftlicher Mitarbeiter am DLR-Institut für Verbrennungstechnik in Stuttgart in der Gruppe von Herrn Professor Riedel. An dem SFB-Teilprojekt beteiligt sind zum Einen die Arbeitsgruppe von Herrn Professor Olzmann vom Karlsruhe Institut für Technologie (KIT) sowie die Gruppe von Herrn Professor Riedel.

Ich möchte mich bei Herrn Professor Riedel dafür bedanken, dass ich die Möglichkeit hatte, in seiner Gruppe die Arbeit durchzuführen. Darüber hinaus geht mein Dank gerade auch an Herrn Professor Olzmann für seine Bereitschaft meine Arbeit wissenschaftlich zu betreuen und dafür, dass er mich am wissenschaftlichen Alltag seiner Arbeitsgruppe hat teilnehmen lassen. Beiden danke ich für die rege Anteilnahme an dieser Arbeit und ihre stets freundliche Unterstützung.

Ein großes Dankeschön geht natürlich auch an die Mitglieder der Arbeitsgruppe, die durch ihre Unterstützung ebenfalls zum Gelingen dieser Arbeit beitrugen. Insbesondere genannt seien:

Frau Dr. Braun-Unkhoff und Herrn Dr. Naumann für ihre fachlichen Ratschläge und ihre Diskussionsbereitschaft trotz ihrer knapp bemessenen Zeit.
Herr Ackermann, welcher mir insbesondere bei den gaschromatographischen Analysen sehr geholfen hat und auch sonst im Labor stets zur Stelle war.
Herrn Kapernaum, der bei der Ausarbeitung chemisch-analytischer Methoden ebenfalls sehr engagiert war.

Außerdem möchte ich an dieser Stelle allen Kollegen und Freunden danken, die mich während der Doktorarbeit begleitet haben: Dominik Schuler, Tunei Lin, Elke Goos, Jürgen Herzler, Julia Herbst, Nadezhda Slavinskaya, Thomas Kick, Jan-Hendrik Starcke und nicht zu vergessen Benjamin Rust für viele exorbitant lustige Kaffee-Runden! Auf Details wird hier nicht weiter eingegangen…

Zwei Kollegen, die wirklich sehr gute Freunde für mich geworden sind, möchte ich meinen ganz besonderen Dank aussprechen: Andreas Fiolitakis und Anton Zizin. Für ihren weiteren Lebensweg wünsche ich ihnen (das gilt natürlich auch für Antons Frau Ira) wirklich alles erdenklich Gute.

Last but not least: Ein ganz ganz großes und liebes Dankeschön gilt natürlich auch meiner Mutter!

Inhaltsverzeichnis

1. Zusammenfassung *3*

2. Einleitung *5*

3. Grundlagen für das Experiment und die Auswertung *8*
3.1 Berechnung der Zustandsdaten im Stoßrohrexperiment 8
3.2 Reaktionskinetik 13
3.3 Analyse von Reaktionsmechanismen 16
3.4 Numerische Integration 17

4. Experimenteller Aufbau *19*
4.1 Stoßrohranlage 19
4.2 Mischkessel und Testgasmischungen 20
4.3 Die Nachweistechnik: ARAS 21
4.4 Datenaufnahme und Auswertung 23
4.5 Eichung der Absorptionswellenlängen 24
    4.5.1 H-Kalibrierkurve 24
    4.5.2 I-Kalibrierkurve 26
4.6 Herstellung der Reaktionsgasmischungen 28
    4.6.1 Mischungen für die Pyrolyse von 1,3-Butadien 28
    4.6.2 Mischungen für die Pyrolyse von 2-Butin 28
    4.6.3 Mischungen für die Pyrolyse von Cyclohexan und 1-Hexen 29
    4.6.4 Mischungen für die Reaktion von Cyclohexan mit Wasserstoff-Atomen 30
    4.6.5 Mischungen für den thermischen Zerfall von 6-Iod-1-Hexen 30

5. Untersuchte Reaktionen *31*
5.1 Die Pyrolyse von 1,3-Butadien und 2-Butin 31
    5.1.1 Einleitung 31
    5.1.2 Ergebnisse und Diskussion: 1,3-Butadien 35
    5.1.3 Ergebnisse und Diskussion: 2-Butin 44
5.2 Die Pyrolyse von Cyclohexan und 1-Hexen 58
    5.2.1 Einleitung 58
    5.2.2 Ergebnisse und Diskussion: 1-Hexen 61
    5.2.3 Ergebnisse und Diskussion: Cyclohexan 70

5.3 Die Reaktion von Cyclohexan mit Wasserstoff-Atomen 80
   5.3.1 Einleitung 80
   5.3.2 Ergebnisse und Diskussion: Reaktion von Cyclohexan mit Wasserstoff-Atomen 83
   5.3.3 Ergebnisse und Diskussion: Pyrolyse von 6-Iod-1-Hexen 103
   5.3.4 Kinetische Untersuchung zur Reaktion von Cyclohexan mit Wasserstoff-Atomen: Abschließende Auswertungen 109

6. Ausblick *114*

7. Bibliographie *115*

8. Anhang – *Zusammenstellung der thermodynamischen Daten* *121*

   8.1 Thermodynamische Daten: Pyrolyse von 1,3-Butadien und 2-Butin 122

   8.2 Thermodynamische Daten: Pyrolyse von Cyclohexan und 1-Hexen 125

   8.3 Thermodynamische Daten: Reaktion von Cyclohexan mit H-Atomen und thermischer Zerfall von 6-Iod-1-Hexen 126

Publikationen *129*

1. Zusammenfassung

Unter bezüglich Druck und Temperatur verbrennungstechnisch relevanten Bedingungen wurde die Pyrolyse von Verbindungen untersucht, die auf der einen Seite in Zusammenhang mit der Bildung von Ruß stehen (1,3-Butadien und 2-Butin) und die auf der anderen Seite als Modelltreibstoff-Komponenten für Kerosin (Cyclohexan und 1-Hexen) erachtet werden. Des Weiteren wurde auch die Reaktion von Cyclohexan mit H-Atomen kinetisch untersucht.

Die verbrennungsnahen Reaktionsbedingungen wurden mit einem Stoßwellen-Rohr erzielt. Mit der H-Atom-Resonanz-Absorptions-Spektrometrie (H-ARAS) konnten die Konzentrations-Zeit-Verläufe von H-Atomen verfolgt werden. Durch Modellierungen und Vergleiche mit Geschwindigkeitskoeffizienten aus der Literatur, die aus Abschätzungen, quantenchemischen Rechnungen oder anderen Experimenten erhalten wurden, konnte ein detailliertes kinetisches Bild der untersuchten Reaktionen entwickelt werden.

Aus den Experimenten, die den thermischen Zerfall von 1,3-Butadien (1,3-C_4H_6) und 2-Butin (2-C_4H_6) betreffen, wurden für folgende Reaktionen Arrhenius-Parameter abgeleitet:

$R_{5.8}$ 1,3-$C_4H_6 \rightarrow C_2H_2 + C_2H_4$ $k_{R5.8}(T) = 7{,}0 \cdot 10^{12} \exp(-33768\ K/T)\ s^{-1}$
(1540 – 1890 K, 1,8 bar),

$R_{5.15}$ 2-$C_4H_6 \rightarrow$ 2-$C_4H_5 + H$ $k_{R5.15}(T) = 3{,}8 \cdot 10^{15} \exp(-44890\ K/T)\ s^{-1}$
(1510 – 1830 K, 1,8 bar).

Es wurde ein Reaktionsmodell formuliert, welches sowohl die Pyrolyse von 1,3-C_4H_6 als auch die von 2-C_4H_6 konsistent zu beschreiben vermag. Es konnte gezeigt werden, dass insbesondere die Isomerisierungen zwischen den Isomeren des 1,3-C_4H_6 entscheidend für das Verständnis der Experimente sind.

Darüber hinaus wurde auch der thermische Zerfall von Cyclohexan (cC_6H_{12}) untersucht. Da frühere Studien gezeigt haben, dass cC_6H_{12} im einleitenden Reaktionsschritt nahezu ausschließlich zu 1-Hexen (1-C_6H_{12}) isomerisiert, wurden auch Experimente zur Pyrolyse von 1-C_6H_{12} durchgeführt. Für die Dissoziation von 1-C_6H_{12} zu Allyl- (C_3H_5) und Propyl-Radikalen (C_3H_7) wurde der folgende Arrhenius-Ausdruck bestimmt:

$R_{5.44}$ 1-$C_6H_{12} \rightleftharpoons C_3H_5 + C_3H_7$ $k_{R5.44}(T) = 2{,}3 \cdot 10^6 \exp(-36672\ K/T)\ s^{-1}$
(1250 – 1400 K, 1,5 – 2,0 bar).

Für den thermischen Zerfall von cC_6H_{12} wurde ein Geschwindigkeitskoeffizient für die globale Bildung von H-Atomen abgeleitet: c$C_6H_{12} \rightarrow$ Produkte + H

$k_{global}(T) = 4{,}7 \cdot 10^{16} \exp(-44481\ K/T)\ s^{-1}$ (1300 – 1550 K, 2,0 bar).

1. Zusammenfassung

Für die Pyrolyse von cC_6H_{12} wurde ein Reaktionsmechanismus aufgestellt, der die sowohl aus dem 1-Hexen- als auch die aus dem Cyclohexan-Zerfall resultierende Bildung von H-Atomen korrekt reproduzieren kann. Es wurde gezeigt, dass (i) der Zerfall von Allyl-Radikalen sowie die Rekombination von Allyl-Radikalen mit H-Atomen zu Propen zwei sehr wichtige Folgereaktionen darstellen und (ii) insbesondere der Betrag der Geschwindigkeitskoeffizienten für den Allyl-Zerfall das Ergebnis der kinetischen Modellierungen hinsichtlich der vorhergesagten Bildung von H-Atomen erheblich beeinflusst.

Abschließend wurden kinetische Untersuchungen zur Reaktion von H-Atomen mit cC_6H_{12} durchgeführt. Als *in situ*-Quelle für H-Atome wurde Iodethan (C_2H_5I) verwendet. Um die Experimente zu beschreiben, wurde ein detailliertes Reaktionsmodell entwickelt. In diesem Modell spielen Folgereaktionen von 1-Hexen-6-yl-Radikalen (C_6H_{11}-16) eine ganz entscheidende Rolle. Daher wurde auch der thermische Zerfall von 6-Iod-1-Hexen (C_6H_{11}I-16) untersucht. Diese Verbindung wurde als Precursor-Molekül für die C_6H_{11}-16-Radikale eingesetzt. Aus den Modellierungen der Experimente zum thermischen Zerfall von C_6H_{11}I-16 wurden für die 5-*exo*-Cyclisierung der C_6H_{11}-16-Radikale zum Ylomethyl-Cyclopentan ($cCH_2C_5H_9$) und der entsprechenden Rückreaktion Arrhenius-Parameter bestimmt:

$R_{5.68}$ $C_6H_{11}\text{-}16 \rightarrow cCH_2C_5H_9$ $k_{R5.68}(T) = 2{,}8\cdot10^{12}\, \exp(-9260\,\text{K}/T)\, \text{s}^{-1}$
(1090 – 1170 K, 2,0 bar),

$R_{(-5.68)}$ $cCH_2C_5H_9 \rightarrow C_6H_{11}\text{-}16$ $k_{(-R5.68)}(T) = 4{,}4\cdot10^{13}\, \exp(-16637\,\text{K}/T)\, \text{s}^{-1}$
(1090 – 1170 K, 2,0 bar).

Die Ergebnisse aus den Untersuchungen zur Pyrolyse von C_6H_{11}I-16 wurden schließlich dazu benutzt, die Experimente zur Reaktion von cC_6H_{12} mit H-Atomen abschließend auszuwerten. Es konnten für die Reaktion von cC_6H_{12} mit H-Atomen unter Bildung von Cyclohexyl-Radikalen (cC_6H_{11}) und molekularem Wasserstoff Arrhenius-Parameter bestimmt werden:

$R_{5.57}$ $cC6H12 + H \rightleftharpoons cC_6H_{11} + H_2$ $k_{R5.57}(T) = 6{,}3\cdot10^{13}\, \exp(-2505\,\text{K}/T)\, \text{cm}^3\cdot\text{mol}^{-1}\cdot\text{s}^{-1}$
(1040 – 1190 K, 1,5 – 2,0 bar).

In dieser Arbeit wurden somit der thermische Zerfall von 1,3-C_4H_6 und 2-C_4H_6, der thermische Zerfall von cC_6H_{12} und 1-C_6H_{12}, die Reaktion von cC_6H_{12} mit H-Atomen und der thermische Zerfall von C_6H_{11}I-16 mechanistisch analysiert und einleitende Reaktionsschritte kinetisch parametrisiert.

2. Einleitung

Trotz zunehmender Bemühungen auf den Gebieten der erneuerbaren Energien und alternativer Antriebskonzepte stützen sich Stromerzeugung, Transport und industrielle Produktion nach wie vor vorrangig auf die Verbrennung fossiler Energieträger. In Deutschland beispielsweise beträgt der Anteil fossiler Energieträger am Gesamtenergieverbrauch etwa 80%, Kernenergie und erneuerbare Energien tragen jeweils etwa 11% bzw. 7% bei [1]. Insbesondere auch für den Auto- und Flugverkehr sind auf Erdöl basierende Treibstoffe kurzfristig nicht zu ersetzen. Ein wesentlicher Grund dafür ist vor allem die hohe Energiedichte flüssiger Treibstoffe. So besitzt Benzin eine Energiedichte von 10300 kcal kg^{-1}, während beispielsweise die von gasförmigen Wasserstoff, der in einem Hydridtank gespeichert ist, mit rund 300 kcal kg^{-1} deutlich niedriger ist. Gasförmiger Wasserstoff hat zwar für sich genommen eine sehr hohe Energiedichte (~ 28400 kcal kg^{-1}), er muss jedoch, um als Treibstoff für Fahrzeuge eingesetzt werden zu können, aus sicherheitstechnischen Gründen in einem Metallhydridspeicher gespeichert werden, was zu einer erheblichen Verminderung der Energiedichte führt. Technische Verbrennungen fossiler Energieträger werden somit mittelfristig, d. h. innerhalb der nächsten 10 bis 20 Jahre, weiterhin eine bedeutende Rolle spielen.

Mit Hilfe von numerischen Simulationen lassen sich technische Verbrennungen, z.B. in Gasturbinen, unter den Gesichtspunkten der Zuverlässigkeit, besonders hinsichtlich Zündung und Verlöschen von Flammen bei instationärer Verbrennung, optimieren. Darüber hinaus sollen Brennkammersysteme so ausgelegt werden, dass die Entstehung und Freisetzung von Schadstoffen minimiert wird. Um technische Verbrennungsvorgänge in Form von numerischen Simulationen beschreiben zu können, ist es zum einen erforderlich, die ablaufenden chemischen Prozesse zu kennen und zum anderen auch Strömungs- und Transportvorgänge zu behandeln. Technische Treibstoffe wie Diesel und Kerosin bestehen aus mehreren Hundert chemischen Spezies. Infolgedessen erfordern numerische Simulationen von Verbrennungsprozessen unter Berücksichtigung von detaillierter Chemie erhebliche Rechenkapazitäten und sind trotz zunehmender Fortschritte bei der Hardware (schnellere CPUs, größere Speicherkapazitäten) nach wie vor unter vertretbarem Zeit- und Kostenaufwand nicht möglich. Eine Strategie zur Reduktion der Komplexität der Reaktionsmodelle, welche die Verbrennung technischer Treibstoffe beschreiben, besteht darin, die in diesen Treibstoffen enthaltenen chemischen Spezies nach Gruppen (n-Alkane, iso-Alkane, cyclo-Alkane, Alkene und Aromaten) zu klassifizieren. Im Rahmen dieser Strategie werden zu jeder Gruppe einige wenige Spezies ausgewählt um die betreffende Gruppe zu repräsentieren. Die betreffenden Spezies werden als Modelltreibstoff-Komponenten bezeichnet. Durch eine geeignete Auswahl und einen geeigneten Anteil an Modelltreibstoff-Komponenten lassen sich für verschiedene technische Treibstoffe jeweils so genannte Ersatzmodellbrennstoffe formulieren. Mit dem konzeptionellen Ansatz der Ersatzbrennstoffe wird beabsichtigt, die Komplexität der Reaktionsmodelle zu reduzieren ohne gleichzeitig den Verlust der Beschreibbarkeit messbarer physikalisch-chemischer Treibstoffeigenschaften wie Zündverzugszeiten, laminare Flammgeschwindigkeiten oder Verbrennungsenthalpien hinnehmen zu müssen. Wenn diese Bedingungen erfüllt sind, lassen sich die vereinfachten, auf die Chemie der Modelltreibstoff-Komponenten bezogenen Reaktionsmodelle auch für numerische Simulationen anwenden.

2. Einleitung

Die Voraussetzung dafür, dass eine Zündung und damit auch eine Verbrennung zustande kommt, ist die Bildung von Radikalen. Insbesondere kleine Radikale wie H-Atome spielen in Verbrennungsprozessen eine maßgebliche Rolle, da sie als hochreaktive Spezies Reaktionsverläufe vorantreiben. Infolgedessen sind Radikalreaktionen von zentraler Bedeutung. Die Modellierung von Daten aus kinetischen Untersuchungen anhand von Reaktionsmodellen ist nur durch die Kenntnis der einzelnen Radikalreaktionen möglich. Um zuverlässige Ergebnisse zu erhalten, müssen die Geschwindigkeitskoeffizienten der Reaktionen über weite Temperatur- und Druckbereiche bekannt sein.
Die Bildung von Radikalen erfolgt zum einen über unimolekulare Bindungsdissoziationsreaktionen und zum anderen über Abstraktionsreaktionen wie der hier gezeigten Wasserstoff-abstraktion (R-H = Kohlenwasserstoff):

$$R\text{-}H + H / O / OH \rightarrow R^\bullet + H_2 / OH / H_2O \qquad (R_{2.1})$$

Die vorliegende Arbeit befasst sich zum einen mit elementarkinetischen Untersuchungen zur Pyrolyse und zum anderen mit der H-Abstraktion von Cyclohexan (cC_6H_{12}) durch Reaktion mit H-Atomen. cC_6H_{12} wird oft als Modelltreibstoff-Komponente für den Kerosin-Treibstoff Jet A-1 ([2] - [8]) verwendet. Cyclohexen wiederum stellt ein wichtiges Zwischenprodukt der Oxidation von cC_6H_{12} dar [9]: Durch Reaktion von cC_6H_{12} mit z.B. H-Atomen oder O_2 werden Cyclohexyl-Radikale (cC_6H_{11}) gebildet, die wiederum mit weiterem molekularem Sauerstoff zu Cyclohexylperoxid-Radikalen ($cC_6H_{11}\text{-}OO$) assoziieren können. Mittels intramolekularer H-Abstraktion entstehen verschiedene Cyclohexylhydroperoxid-Isomere ($cC_6H_{10}\text{-}OOH$) und durch C-O-Homolyse schließlich Cyclohexen und Hydroperoxid (HO_2):

$$cC_6H_{12} + H / O_2 \rightarrow cC_6H_{11} + H_2 / HO_2, \qquad (R_{2.2})$$

$$cC_6H_{11} + O_2 \rightarrow cC_6H_{11}\text{-}OO, \qquad (R_{2.3})$$

$$cC_6H_{11}\text{-}OO \rightarrow cC_6H_{10}\text{-}OOH, \qquad (R_{2.4})$$

$$cC_6H_{10}\text{-}OOH \rightarrow cC_6H_{10} + HO_2. \qquad (R_{2.5})$$

Der dominierende einleitende Reaktionskanal bei der Pyrolyse von Cyclohexen ist eine Retro-Diels-Alder-Reaktion unter Bildung von 1,3-Butadien ($1,3\text{-}C_4H_6$) und Ethen (C_2H_4) [10]:

$$cC_6H_{10} \rightarrow 1,3\text{-}C_4H_6 + C_2H_4. \qquad (R_{2.6})$$

Aufgrund dessen ist $1,3\text{-}C_4H_6$ als wichtiges Zwischenprodukt der Pyrolyse von Cyclohexen zu erachten. Darüber hinaus ist bekannt, dass $1,3\text{-}C_4H_6$ verschiedene Isomerisierungsreaktionen eingehen kann. So kann $1,3\text{-}C_4H_6$ u.a. zu 2-Butin ($2\text{-}C_4H_6$) und 1,2-Butadien ($1,2\text{-}C_4H_6$) isomerisieren [11, 12]:

$$1,3\text{-}C_4H_6 \rightarrow 2\text{-}C_4H_6, \qquad (R_{2.7})$$

$$1,3\text{-}C_4H_6 \rightarrow 1,2\text{-}C_4H_6. \qquad (R_{2.8})$$

Aus diesen Gründen wurde in der vorliegenden Arbeit auch der thermische Zerfall der Spezies 1,3-C_4H_6 und 2-C_4H_6 untersucht. Um Reaktionen in der Gasphase unter verbrennungstechnisch relevanten Bedingungen (inbesondere $T \geq 1000$ K) untersuchen zu können, ist eine schnelle Aufheizung der Reaktionsgasmischungen erforderlich. Eine für die Bestimmung der Geschwindigkeitskoeffizienten von Elementarreaktionen unter verbrennungstechnisch relevanten Bedingungen geeignete experimentelle Anordnung ist das Stoßwellenrohr. Mittels der Stoßwellenmethode lassen sich innerhalb einer sehr kurzen Zeitdauer (t < $1 \cdot 10^{-6}$ s) Änderungen von Druck und Temperatur erzielen, die wiederum für eine Zeitspanne von bis zu 2,5 ms stabil bleiben. Die Stoßwellenmethode erlaubt es chemische Reaktionen bei Temperaturen weit oberhalb von 1000 K sowie bei Drücken von – je nach Konzeption des Stoßrohres - bis zu 100 bar [13] zu untersuchen. Eine Übersicht über die Anwendung der Stoßrohrmethode innerhalb der chemischen Kinetik findet sich z.B. in [14] und [15].

3. Grundlagen für das Experiment und die Auswertung

3.1 Berechnung der Zustandsdaten im Stoßrohrexperiment

Der Vorteil der Verwendung von Stoßwellen zur Untersuchung elementarkinetischer Prozesse besteht in der Möglichkeit, die Zustandsgrößen Temperatur, Druck und Dichte einstellen und deren Größe leicht berechnen zu können. Das erste konventionelle Stoßrohr wurde 1899 von P. Vieille [16] konstruiert. Eine Stoßwellenanlage besteht im Prinzip aus einem Zylinder mit konstantem Innendurchmesser. Dieser Zylinder ist durch eine Membran in einen Hochdruckteil mit dem darin enthaltenen Treibgas und einen Niederdruckteil mit dem darin enthaltenen Testgas separiert. Der Druck im Hochdruckteil wird solange erhöht, bis die Membran platzt. Das verdichtete Treibgas dehnt sich unter Abkühlung aus. Verdünnungswellen wandern in das ruhende Treibgas des Hochdruckteils hinein, während gleichzeitig Verdichtungswellen entstehen, die sich mit Schallgeschwindigkeit in das Gas im Niederdruckteil ausbreiten. Die Schallgeschwindigkeit a in einem Gas wird wie folgt berechnet:

$$a = \sqrt{\kappa \frac{RT}{M}} = \sqrt{\kappa \frac{p}{\rho}}. \tag{3.1}$$

R ist die Gaskonstante, κ der Adiabatenkoeffizient ($\kappa = C_p/C_v$), T die Temperatur und M die mittlere Molmasse des Testgases.

Die Verdichtungswellen bewirken einen Druck- und Temperaturanstieg im durchlaufenen Testgas. Gleichung (3.1) zeigt, dass der Druck- und Temperaturanstieg zu einem Anstieg der Schallgeschwindigkeit führen. Nachfolgende Verdichtungswellen bewegen sich demzufolge in einem heißeren Medium und werden damit immer schneller. Wo sie zusammentreffen, bildet sich eine nahezu planare Stoßfront aus. Die Stoßfront läuft mit Überschallgeschwindigkeit in das Testgas hinein. Hinter der einfallenden Stoßfront bzw. Stoßwelle strömt das Gas mit konstanter Geschwindigkeit. Mit dieser im Vergleich zur Überschallgeschwindigkeit langsameren Strömungsgeschwindigkeit folgt die Kontaktfläche der einfallenden Stoßwelle. Die Kontaktfläche stellt die Mediengrenze zwischen Treib- und Testgas dar. Am Stoßrohrendflansch wird die einfallende Stoßwelle annähernd elastisch reflektiert. Die Strömungsgeschwindigkeiten der einfallenden und reflektierten Stoßwelle heben sich gerade auf, so dass das Testgas hinter der reflektierten Stoßwelle in Ruhe ist. Durch diesen erneuten Stoß erfährt das Testgas einen nochmaligen Druck- und Temperatursprung. Die Temperatur wird etwa doppelt so hoch wie in der einfallenden Welle. In dieser Arbeit wurden Messungen am ruhenden Gas hinter reflektierten Stoßwellen durchgeführt. Bei diesen Experimenten ist die Messzeit beendet, wenn die reflektierte Stoßwelle und die Kontaktfläche aufeinandertreffen. Bis zu dem Zeitpunkt an dem reflektierte Stoßwelle und Kontaktfläche aufeinandertreffen sind stabile Messbedingungen, d.h. stabile Werte von Druck und Temperatur gewährleistet. Die durch die reflektierte Stoßwelle induzierten Zustände an Druck und Temperatur sind für eine Messzeit von etwa 2 bis 2,5 ms konstant.

3. Grundlagen für das Experiment und die Auswertung

Während in den Niederdruckteil des Stoßrohres nach Bersten einer Membran Verdichtungswellen in das Testgas hineinlaufen, breiten sich in Gegenrichtung, also in den Hochdruckteil, Verdünnungswellen aus, die das dort befindliche Gas abkühlen. Entsprechend Gleichung (3.1) verringert sich die Schallgeschwindigkeit mit abnehmender Temperatur und Druck, so dass sich nachfolgende Verdünnungswellen auseinander ziehen. Die Gesamtheit der Verdünnungswellen bildet einen Verdünnungsfächer. Die Verdünnungswellen ihrerseits werden am Endflansch des Hochdruckteils vom Stoßrohr reflektiert. Konventionsgemäß werden die auftretenden Zustandsgrößen Druck und Temperatur (p, T) durch verschiedene Indices festgelegt:

1) Index '1': Testgas vor einfallender Stoßwelle. Das Testgas befindet sich im Ausgangszustand
2) Index '2': Testgas hinter einfallender Stoßwelle zwischen Kontaktfläche und Stoßfront
3) Index '3': Gas zwischen Kontaktfläche und Ende des Verdünnungsfächers
4) Index '4': Ausgangszustand des Treibgases
5) Index '5': Zustandsgrößen hinter der reflektierten Stoßwelle, also Zustand des Testgases

Die Vorgänge in einem Stoßrohr lassen sich in Form eines Weg-Zeit-Diagramms verdeutlichen. Ein solches Diagramm ist in Abbildung 3.1 gezeigt.

3. Grundlagen für das Experiment und die Auswertung

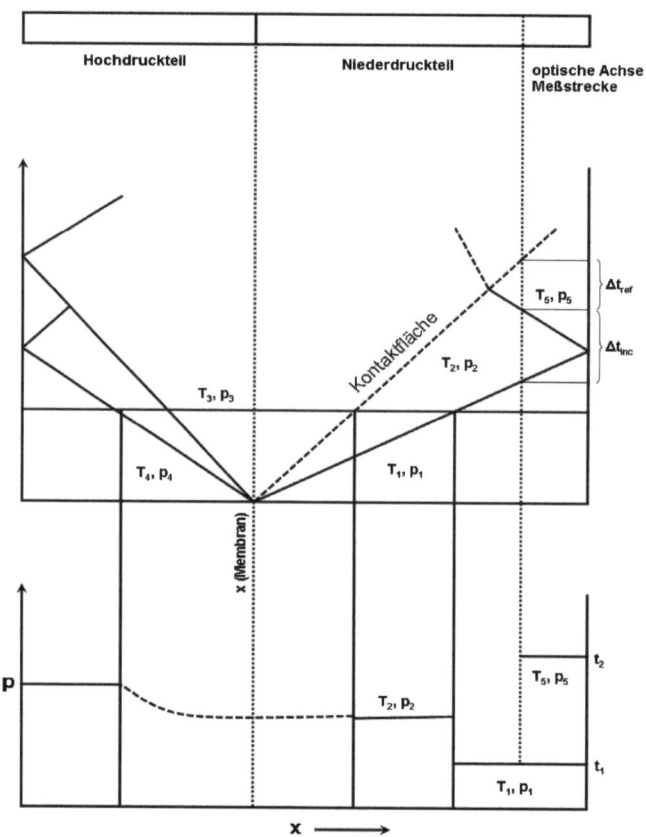

Abbildung 3.1: Weg-Zeit-Diagramm der Wellenentwicklung. Die Meßstrecke kennzeichnet den Bereich, bei dem an der Stoßwellenanlage hinter der reflektierten Stoßwelle gemessen wird. Die Beobachtungszeit hinter der einfallenden Stoßwelle ist mit Δt_{inc} gekennzeichnet, die hinter der reflektierten Stoßwelle mit Δt_{ref}.

Um die Stoßwellenexperimente auswerten zu können, müssen die Zustandsgrößen hinter der einfallenden und der reflektierten Stoßwelle bekannt sein. Diese Zustandsdaten werden rechnerisch aus den Anfangsbedingungen erhalten. Diese Berechnungen werden unter einigen vereinfachenden Annahmen durchgeführt, wie sie für Stoßwellen in monoatomaren Gasen wie Argon oder Helium mit stark verdünnten Reaktanten zulässig sind:

- Die Stoßwelle durchläuft ein Gas mit konstanter spezifischer Wärme.

- Die Wärmetönung durch ablaufende Reaktionen ist wegen der hohen Verdünnung der Reaktanten vernachlässigbar.

- Es findet keine Impuls- und Energieübertragung zwischen der Stoßwelle und der Rohrwand statt.

- Die Stoßwelle ist senkrecht zur Laufrichtung homogen, eindimensional und stationär

Der physikalische Ansatz zur Berechnung der gewünschten Zustandsdaten ist die Formulierung der Erhaltungsgleichungen für Masse (3.2), Impuls (3.3) und Energie (3.4) für eine stationäre Stoßwelle:

$$\rho_1 u_1 = \rho_2 u_2, \tag{3.2}$$

$$\rho_1 u_1^2 + p_1 = \rho_2 u_2^2 + p_2, \tag{3.3}$$

$$\frac{1}{2} u_1^2 + E_1 + \frac{p_1}{\rho_1} = \frac{1}{2} u_2^2 + E_2 + \frac{p_2}{\rho_2}. \tag{3.4}$$

ρ ist die Massendichte, u die Strömungsgeschwindigkeit und E die Energie pro Masseneinheit. Wenn die thermodynamischen Daten des Ausgangszustandes vorliegen, handelt es sich hierbei um ein Gleichungssystem von drei Gleichungen mit sechs Unbekannten (E_1, E_2, u_1, u_2, p_2, ρ_2). Um dieses Gleichungssystem lösen zu können, müssen zum einen die thermische sowie die kalorische Zustandsgleichung (Gleichungen (3.5) und (3.6)) eines idealen Gases mit berücksichtigt werden:

$$pv = nRT, \tag{3.5}$$

$$E_2 - E_1 = \int_{T_1}^{T_2} C_V(T) dT. \tag{3.6}$$

Werden diese beiden Ausdrücke in Gleichung (3.4) eingesetzt, wird die Zahl der Unbekannten auf vier (u_1, u_2, p_2, ρ_2) reduziert. Wenn eine der Variablen experimentell bestimmt wird, sind die absoluten Werte sämtlicher Zustandsgrößen berechenbar. Meistens wird (so auch in dieser Arbeit) die Geschwindigkeit u_1 der einfallenden Stoßwelle ermittelt, so dass das Gleichungssystem in Abhängigkeit von u_1 bzw. der mit u_1 verknüpften dimensionslosen Größe M ausgedrückt wird:

$$M = \frac{u}{a}. \tag{3.7}$$

M ist Mach-Zahl der Stoßwelle und a die bereits erläuterte Schallgeschwindigkeit (siehe Gleichung (3.1)). Mit diesen Größen können die Druck- und Temperaturverhältnisse vor und hinter der einfallenden Stoßwelle in Beziehung gesetzt werden:

3. Grundlagen für das Experiment und die Auswertung

$$\frac{T_2}{T_1} = \left[\frac{2\kappa M_1^2 - (\kappa-1)}{\kappa+1}\right] \cdot \left[\frac{(\kappa-1)M_1^2 + 2}{(\kappa+1)M_1^2}\right], \quad (3.8)$$

$$\frac{p_2}{p_1} = \frac{2\kappa M_1^2 - (\kappa-1)}{\kappa+1}. \quad (3.9)$$

Wenn die einfallende Stoßwelle auf das ebene Stoßrohrende trifft, so resultiert daraus eine eindimensionale reflektierte Stoßwelle, die in das sich aufstauende Gas zurückläuft. Das Gas hinter der reflektierten Stoßwelle ist dabei in Ruhe. Die Verhältnisse von Druck und Temperatur hinter der reflektierten Stoßwelle berechnen sich wie folgt:

$$\frac{T_5}{T_1} = \frac{\left[\frac{3\kappa-1}{\kappa-1}M_1^2 - 2\right] \cdot \left[2M_1^2 + \frac{3-\kappa}{\kappa-1}\right]}{\left(\frac{\kappa+1}{\kappa-1}\right)^2 \cdot M_1^2}, \quad (3.10)$$

$$\frac{p_5}{p_1} = \left[\frac{\frac{3\kappa-1}{\kappa-1}M_1^2 - 2}{M_1^2 + \frac{2}{\kappa-1}}\right] \cdot \left[\frac{\frac{2\kappa}{\kappa-1}M_1^2 - 1}{\frac{\kappa+1}{\kappa-1}}\right]. \quad (3.11)$$

Die Zustandsdaten wurden gemäß diesen Formeln mit dem Auswertungsprogramm NICOLET7 [17] berechnet.

3.2 Reaktionskinetik

Ausgangspunkt für die Interpretation der Experimente ist die Formulierung eines Reaktionsmodells, welches diejenigen Elementarreaktionen enthält, die aufgrund der Eingangsgrößen wie Ausgangskonzentration der Reaktanten, Temperatur und Druck hinter der reflektierten Stoßwelle ablaufen könnten. Um den zeitlichen Ablauf chemischer Reaktionen beschreiben zu können, müssen den einzelnen Elementarreaktionen Reaktionsgeschwindigkeiten zugeordnet werden. In allgemeiner Form lässt sich eine Elementarreaktion wie folgt formulieren:

$$|v_1|A_1 + |v_2|A_2 \rightarrow v_3 A_3 + v_4 A_4. \tag{3.12}$$

Das zugehörige Zeitgesetz ist:

$$-\frac{1}{|v_1|}\frac{d[A_1]}{dt} = -\frac{1}{|v_2|}\frac{d[A_2]}{dt} = \frac{1}{v_3}\frac{d[A_4]}{dt} = \frac{1}{v_4}\frac{d[A_5]}{dt}$$

$$= k \cdot [A_1]^{|v_1|} \cdot [A_2]^{|v_2|}. \tag{3.13}$$

In mathematischer Formulierung ist eine Elementarreaktion gegeben durch:

$$\sum_{n=1}^{S} v_n S_n = 0. \tag{3.14}$$

S_n kennzeichnet eine in der Reaktionsgleichung enthaltene Spezies und v_n bezeichnet den mit dieser Spezies S_n verbundenen stöchiometrischen Koeffizienten. Summiert wird über alle auf der Produkt- und Eduktseite enthaltenen Spezies (insgesamt S Spezies) und ihre jeweiligen stöchiometrischen Koeffizienten. Für das Zeitgesetz der Bildung einer Spezies i in der Elementarreaktion r folgt, dass

$$\left(\frac{dc_i}{dt}\right)_r = v_{r,i} k_r \prod_{j=1}^{S_E} c_{j(r)}^{|v_{r,j}|}. \tag{3.15}$$

$v_{i,r}$ stellt den stöchiometrischen Koeffizienten einer bestimmten Spezies i in der Reaktion r dar. $c_{j(r)}$ ist die Bezeichnung für die Konzentrationen der in der Reaktionsgleichung r enthaltenen anderen Spezies j und v_j sind die mit den Spezies j einhergehenden stöchiometrischen Koeffizienten. k_r kennzeichnet den Geschwindigkeitskoeffizienten einer Reaktion r und S_E wiederum bezeichnet die Anzahl der Ausgangsstoffe. Für einen Reaktionsmechanismus bestehend aus R Reaktionen und S Stoffen ergibt sich die Bildungsgeschwindigkeit einer Spezies i durch Summation über die Zeitgesetze (3.15) in den einzelnen Elementarreaktionen:

$$\left(\frac{dc_i}{dt}\right) = \sum_{r=1}^{R} v_{r,i} k_r \prod_{j}^{S_E} c_{j(r)}^{|v_{r,j}|}. \tag{3.16}$$

3. Grundlagen für das Experiment und die Auswertung

Um aus den Zeitgesetzen für jede Spezies Konzentrations-Zeit-Verläufe berechnen zu können, müssen die Zeitgesetze über t integriert werden. Aufgrund der Kopplung der Zeitgesetze der einzelnen Spezies erfolgt die Lösung dieser Zeitgesetze mit numerischen Methoden.

Bei der Formulierung von Reaktionsmechanismen werden Hin- und Rückreaktion einer jeden Elementarreaktion betrachtet. Der Geschwindigkeitskoeffizient der Rückreaktion k_{rev} (englisch: rev: *reversible*) ergibt sich aus demjenigen der Hinreaktion, k_{for} (englisch: for: *forward*), und der Gleichgewichtskonstante K_c:

$$K_c = \frac{k_{for}(T,p)}{k_{rev}(T,p)}. \qquad (3.17)$$

Die Gleichgewichtskonstante K_c lässt sich über die Gleichgewichtskonstante K_p ausdrücken:

$$K_c = \frac{K_p}{(RT)^{\Delta v}}. \qquad (3.18)$$

Die Gleichgewichtskonstante K_p wiederum ist eine Funktion der thermodynamischen Daten der Reaktion:

$$K_p = \exp\left(\frac{-\Delta G_r^0}{RT}\right). \qquad (3.18)$$

ΔG_r^0 ist die Gibbssche freie Standard-Enthalpie der Reaktion und lässt sich aus der Standard-Reaktionsenthalpie ΔH_r^0 und der Standard-Reaktionsentropie ΔS_r^0 berechnen:

$$\Delta G_r^0 = \Delta H_r^0 - T \cdot \Delta S_r^0. \qquad (3.19)$$

ΔH_r^0 und ΔS_r^0 lassen sich wiederum aus den Standard-Bildungsenthalpien ΔH_f^0 und Standard-Entropien ΔS^0 der an den Reaktionen beteiligten Spezies berechnen. Standard-Bildungsenthalpien und Standard-Entropien sind die grundlegenden thermodynamischen Daten. Ihre Abhängigkeit von der Temperatur ist durch die folgenden Beziehungen gegeben:

$$\left[\frac{\partial(\Delta H_f^0)}{\partial T}\right] = \Delta C_p^0, \qquad (3.20)$$

$$\left[\frac{\partial(\Delta S^0)}{\partial T}\right] = \frac{\Delta C_p^0}{T}. \qquad (3.21)$$

ΔH_f^0 eines Stoffes ist die Reaktionsenthalpie seiner Bildung aus den Elementen in ihrem jeweiligen Referenzzustand. Die Ableitung nach der Temperatur ergibt die molare Standard-Wärmekapazität ΔC_p^0, die als Differenz zwischen molaren Standard-Wärmekapazitäten von Produkten und Reaktanten aufzufassen ist. Für die Modellierungen der in dieser Arbeit durchgeführten Experimente wurde eine modifizierte Version des SENKIN-Codes des ChemKin II Programmpaketes benutzt [18]. Der eingesetzte Code nutzt die in den Gleichungen (3.17) bis (3.21) angegebenen Zusammenhänge um für bekannte Geschwindigkeitskoeffizienten k_{for} einer Hinreaktion und aus gegebenen thermodynamischen Daten die Gleichgewichtskonstante K_c und damit die Geschwindigkeitskoeffizienten der Rückreaktion k_{rev} berechnen zu können. Die Wärmekapazität $C_p(T)$, Standard-Bildungsenthalpie ΔH_f^0 und die Standard-Entropie ΔS^0 werden als Eingabeparameter für diese Rechnungen benötigt. Aus dem Grund einer einfacheren Datenverarbeitung sind in thermodynamischen Datenbanken die Temperaturanhängigkeiten der Wärmekapazitäten durch Polynome angenähert. Zur Beschreibung der Temperaturabhängigkeit der Wärmekapazitäten werden zwei Sätze von je sieben so genannten JANAF-Koeffizienten angegeben: Die Koeffizienten a_1 bis a_7 beziehen sich auf den Hochtemperaturbereich und die Koeffizienten a_8 bis a_{14} auf den Niedertemperaturbereich. Die so genannte Umschalttemperatur, die den Niedertemperatur- vom Hochtemperaturbereich trennt, liegt typischerweise bei 1000 K. Die Gleichungen (3.22) bis (3.24) geben an, wie sich wichtige thermodynamische Größen im Hochtemperaturbereich durch die JANAF-Koeffizienten a_1 bis a_7 ausdrücken lassen. Die gleichen Formeln gelten auch für den Niedertemperaturbereich, nur dass anstelle der Koeffizienten a_1 bis a_7 entsprechend die Koeffizienten a_8 bis a_{14} verwendet werden.

$$\frac{C_p^0}{R} = a_1 + a_2 T + a_3 T^2 + a_4 T^3 + a_5 T^4, \qquad (3.22)$$

$$\frac{H_f^0}{RT} = a_1 + \frac{a_2 T}{2} + \frac{a_3 T^2}{3} + \frac{a_4 T^3}{4} + \frac{a_5 T^4}{5} + \frac{a_6}{T}, \qquad (3.23)$$

$$\frac{S^0}{R} = a_1 \ln T + a_2 T + \frac{a_3 T^2}{2} + \frac{a_4 T^3}{3} + \frac{a_5 T^4}{4} + a_7. \qquad (3.24)$$

3.3 Analyse von Reaktionsmechanismen

Eine Möglichkeit zur Analyse von Reaktionsmechanismen besteht in der Durchführung von Sensitivitätsanalysen. Sensitivitätsanalysen können gerade bei Modellierungen mit komplexen Reaktionsmodellen hilfreich sein im Hinblick auf die Frage, welchen Einfluss eine bestimmte Elementarreaktionen auf die Bildung oder den Verbrauch einer bestimmten Spezies hat. Die Zeitgesetze für einen Reaktionsmechanismus von R Reaktionen mit S beteiligten Spezies lassen sich in Form eines Systems von Differentialgleichungen schreiben:

$$\frac{dc_i}{dt} = F_i(c_1,....,c_S;k_1,....,k_R), \qquad (3.25)$$

$$i = 1, 2, ..., S.$$

Die Zeit t stellt die unabhängige Variable dar, die Konzentrationen c_i die abhängigen Variablen und die Geschwindigkeitskoeffizienten k_r die Parameter des Systems. Als Sensitivitäten bezeichnet man Abhängigkeit der Lösung c_i von den Parametern k_r. Im Allgemeinen wird zwischen absoluten und relativen Sensitivitäten unterschieden:

$$E_{i,r} = \frac{\partial c_i}{\partial k_r} \quad \text{bzw.} \quad E_{i,r}^{(rel)} = \frac{k_r}{c_i} \cdot \frac{\partial c_i}{\partial k_r} = \frac{\partial \ln c_i}{\partial \ln k_r}. \qquad (3.26)$$

In einem komplexen Reaktionsmechanismus hat die Veränderung der Geschwindigkeitskoeffizienten vieler Elementarreaktionen kaum einen Einfluss auf die Lösung c_i. Bei anderen Elementarreaktionen hingegen, z.B. für geschwindigkeitsbestimmende Reaktionen, hat eine Änderung des Geschwindigkeitskoeffizienten k_r einen sehr großen Einfluss auf das Verhalten des Systems. Gerade von solchen Reaktionen müssen die Werte für k_r entweder durch experimentelle oder quantenchemische Untersuchungen sehr gut bekannt sein.

In dieser Arbeit werden Reaktionsmechanismen hingegen mittels der Durchführung von Störungssensitivitätsanalysen untersucht. Störungssensitivitätsanalyse bedeutet, dass für jede Elementarreaktion in einem gegebenen Reaktionsmechanismus die Reaktionsgeschwindigkeit durch Multiplikation des jeweiligen Geschwindigkeitskoeffizienten k_r mit einem konstanten Faktor, z.B. 0,5 oder 2, modifiziert wird. Daraus ergibt sich für die betrachtete Spezies i ein geänderter Konzentrations-Zeit-Verlauf. Dieser geänderte Konzentrations-Zeit-Verlauf wird als $c_i(t)_f$ bezeichnet. Der Index f beschreibt den konstanten Faktor mit dem die Geschwindigkeitskoeffizienten der Elementarreaktionen in dem verwendeten Reaktionsmechanismus multipliziert werden. Der Konzentrations-Zeit-Verlauf, der sich ergibt, wenn die Geschwindigkeitskoeffizienten der Elementarreaktionen nicht modifiziert werden, wird als Referenzprofil bezeichnet und ist mit $c(t)_{ref}$ gekennzeichnet. Der Unterschied zwischen den Konzentrations-Zeit-Verläufen $c_i(t)_f$ und $c(t)_{ref}$ lässt sich durch die Abweichung δ quantifizieren:

$$\delta(t) = \frac{c_i(t)_f}{c_i(t)_{ref}} - 1. \qquad (3.27)$$

Wenn eine Elementarreaktion auf den zeitlichen Verlauf einer Spezies einen vernachlässigbaren Einfluss hat, dann wird die Modifikation von k_r für diese Elementarreaktion, z.b. durch Multiplikation mit einem Faktor 0.5, den Konzentrations-Zeit-Verlauf kaum beeinflussen, d.h. dass über die gesamte Zeit $c_i(t)_{f=0,5} \approx c(t)_{ref}$ und somit $\delta \approx 0$ ist. Umgekehrt: Wenn zu einem bestimmten Zeitpunkt $\delta \approx 1$ ist, so bedeutet dies, dass der modifizierte Konzentrations-Zeit-Verlauf $c_i(t)_f$ im Vergleich zum Referenz-Verlauf $c(t)_{ref}$ um 100% abweicht und somit die Modifikation von k_r zu dem betreffenden Zeitpunkt t zu einer doppelt so hohen Bildung der Spezies i führt. Aus Gründen der Übersichtlichkeit werden bei der Darstellung von Störungssensitivitätsanalysen in dieser Arbeit nur Reaktionen berücksichtigt für die $\delta \geq 0.1$ ist. Die in dieser Arbeit durchgeführten Störungssensitivitätsanalysen zeigen somit, welche Elementarreaktionen einen maßgeblichen Einfluss auf die Bildung oder den Verbrauch einer bestimmten Spezies haben.

3.4 Numerische Integration

Die Lösung der Zeitgesetze zur Berechnung von Konzentrations-Zeit-Verläufen einzelner Spezies erfolgt mit numerischen Methoden und stellt eine Anfangswertaufgabe dar:

$$y'(t) = f(y(t)), \quad y(t_0) = y_0. \qquad (3.28)$$

Das Ziel ist es, zu einem vorgegebenen Zeitpunkt $t > t_0$ eine numerische Approximation für $y(t)$ zu finden. Für numerische Lösungen von Differentialgleichungen wird eine Diskretisierung durchgeführt, d.h. man betrachtet eine Zerlegung des Integrationsintervalls $t_0 < t_1 < \ldots < t$ und die Näherungen $Y_j \approx y(t_j)$, $j = 0, 1, 2, \ldots, n$. Die Differenz $h_j = t_{j+1} - t_j$ (mit $j = 0, 1, \ldots, n$) heißt Schrittweite. Einschrittverfahren verwenden jeweils nur die zuletzt berechnete Näherung (t_j, Y_j) um hieraus die nächste Näherung (t_{j+1}, Y_{j+1}) zu bestimmen. Sie haben die allgemeine Form

$$Y_{j+1} = Y_j + h_j \cdot \Phi(t_j, Y_j, h_j). \qquad (3.29)$$

$\Phi(t_j, Y_j, h_j)$ stellt hierbei die sogenannte Inkrement- oder Wachstumsfunktion dar, die je nach verwendetem Einschrittverfahren anders lautet. Bekannte Einschrittverfahren sind das Eulersche Polygonzug-, das Runge-Kutta-Verfahren und das Verfahren von Heun [19].
Im Gegensatz zu den Einschrittverfahren nutzen Mehrschrittverfahren die Information aus mehreren zuvor errechneten Stützpunkten. Man greift auf mehrere bereits berechnete Werte von $f(y(t))$ über ein größeres Intervall von Stützstellen $[t_{j-k}, t_j]$ zurück. Das allgemeine lineare Mehrschrittverfahren wird als eine lineare Differentialgleichung formuliert. Der Wert von Y_{j+k} wird aus den Vorgängern

3. Grundlagen für das Experiment und die Auswertung

Y_j, ..., Y_{j+k-1} berechnet. Es werden äquidistante Stützstellen vorausgesetzt: $t_j = t_0 + \frac{jh}{m}$. m ist die Zahl der Stützstellen. Zu gegebenen reellen Zahlen α_0, ..., α_n wird die folgende Vorschrift als lineares n-Schritt-Verfahren bezeichnet:

$$\sum_{k=0}^{n} \alpha_k y_{j+1-k} = h \cdot f(t_{j+1}, y_{j+1}). \qquad (3.30)$$

Hierbei wird $\alpha_n \neq 0$ vorausgesetzt. Ein Beispiel für Mehrschrittverfahren sind die BDF-Verfahren (englisch: *Backward Differentiation Formulas*). Diese Verfahren sind seit einer Veröffentlichung von Gear 1971 [20] als numerische Methode zum Lösen für steife gewöhnliche Differentialgleichungen weit verbreitet. Bei diesen Verfahren wird durch die letzten m Approximationen y_{j+1-k} (k = 1,..., m) an die Lösung, sowie dem unbekannten Wert y_{j+1} ein Interpolationspolynom gelegt. Der zu berechnende Wert y_{j+1} ergibt sich durch die Bedingung, dass die Ableitung des Polynoms y'_p die Differentialgleichung (3.31) im Punkt t_{j+1} erfüllt:

$$y'_p(t_{j+1}) = \frac{1}{h}\sum_{k=0}^{n} \alpha_k y_{j+1-k} = f(t_{j+1}, y_{j+1}). \qquad (3.31)$$

h stellt die Schrittweite $t_{j+1} - t_j$ dar. Eine Voraussetzung für die Anwendung dieses Verfahrens ist es jedoch mittels Einschrittverfahren geeignete Startwerte y_1,..., y_{n-1} zu generieren. Die Koeffizienten α_k sind bei konstanter Schrittweite h über die Newton-Cotes-Formeln gegeben. Da der unbekannte Wert y_{j+1} in die Differentialgleichung (3.31) mit eingeht, handelt es sich bei BDF-Verfahren um so genannte implizite Verfahren.

Das in dieser Arbeit verwendete Programm SENKIN greift auf einen Programmcode mit der Bezeichnung DASSL [21] zu. Bei DASSL (englisch: *Differential Algebraic System Solver*) handelt es sich um einen numerischen Integrator, der zur Lösung der Zeitgesetze und anderer Differentialgleichungen die oben beschriebenen BDF-Verfahren verwendet. Die Details der numerischen Methoden, auf denen dieser Löser basiert, wurden von Petzold beschrieben [21].

4. Experimenteller Aufbau

4.1 Stoßrohranlage

Abbildung 4.1 zeigt den schematischen Aufbau der in dieser Arbeit verwendeten Stoßrohranlage. Das Stoßrohr ist aus Edelstahl gefertigt und besteht aus einem 4 m langen Hochdruckteil, dem Treibrohr, und einem 6,3 m langen Niederdruckteil, dem Laufrohr. Beide Rohrsegmente sind durch eine Aluminiummembran getrennt. Der Innendurchmesser des Laufrohres beträgt 7,2 cm. Diese Konstruktion und die Längenverhältnisse zwischen Nieder- und Hochdruckteil gewährleisten konstante Messbedingungen hinter reflektierten Stoßwellen von mindestens einer ms. Dieser Zeitraum steht im Experiment zur Messung des zeitlichen Verlaufs von Reaktionen in der Gasphase zur Verfügung. Treib- und Laufrohr werden vor jedem Experiment mit einer Drehschieberpumpe (Balzers; Typ: DUO 016 B) vorabgesaugt ($\sim 1\cdot 10^{-1}$ mbar). Danach wird das Laufrohr mit einer Turbomolekularpumpe (Pfeiffer Balzers; Typ: TPU 200) auf Enddrücke von $5\cdot 10^{-7} < p_0 < 1,5\cdot 10^{-6}$ mbar evakuiert. Mittels einer Kaltkathodenröhre (Balzers; Typ: IKR 050) wird der erreichte Enddruck bestimmt. Das Laufrohr ist auf eine Temperatur von 373 K beheizt.

Durch Einfüllen eines Gases in den Treibrohrteil wird in diesem Segment des Stoßrohres ein Überdruck aufgebaut. Das Gas wird solange eingefüllt, bis die eingespannte Aluminiummembran zum Bersten gebracht wird. Für die Durchführung der Experimente bezüglich der Pyrolyse von 1,3-Butadien und 2-Butin wurde Wasserstoff (Linde) mit einer Reinheit > 99,8% benutzt. Für die übrigen Experimente musste aus sicherheitstechnischen Gründen He (Linde; Reinheit $\geq$ 99,996%) als Treibgas verwendet werden.

Nach Bersten der Membran bildet sich innerhalb des Laufrohrs in der dort eingefüllten Gasprobe (typische Einfülldrücke: 40 – 200 mbar) eine Stoßwelle in Richtung des Endflansches aus und wird an diesem reflektiert. Typische Geschwindigkeiten der einfallenden Stoßwelle sind 650 – 800 ms^{-1} und 400 – 500 ms^{-1} für die reflektierte. Hinter der reflektierten Stoßfront wird die Testgasmischung innerhalb von wenigen µs auf Temperaturen von 900 K $\leq T_5 \leq$ 3500 K aufgeheizt und erreicht Drücke von 1,0 bar $\leq p_5 \leq$ 5,0 bar. Die Größe des Einfülldrucks p_1 der zu untersuchenden Gasmischung sowie die Dicke der Aluminiummembran (60 µm bis 150 µm) bestimmen die Geschwindigkeit der einfallenden Stoßwelle und damit die Bedingungen bezüglich Druck und Temperatur (T_5, p_5) hinter der am Endflansch reflektierten Stoßwelle. Die Geschwindigkeit der einfallenden Stoßwelle wird aus Laufzeitmessungen mit Hilfe von vier nahe des Endflansches montierten Platin-Meßstreifen ermittelt. Sie ergibt sich aus der linearen Extrapolation der zwischen den vier Sonden gemessenen Geschwindigkeiten. Der Abstand zwischen jedem der vier Meßstreifen beträgt 30 cm. Mit Kenntnis der Geschwindigkeit der einfallenden Stoßwelle lassen sich mit den in Abschnitt 3.1 angegebenen Gleichungen (3.7) – (3.11) die Zustandsgrößen hinter der einfallenden und reflektierten Stoßwelle sowie der Zeitpunkt des Eintretens der chemischen Reaktionen berechnen.

4.Experimenteller Aufbau

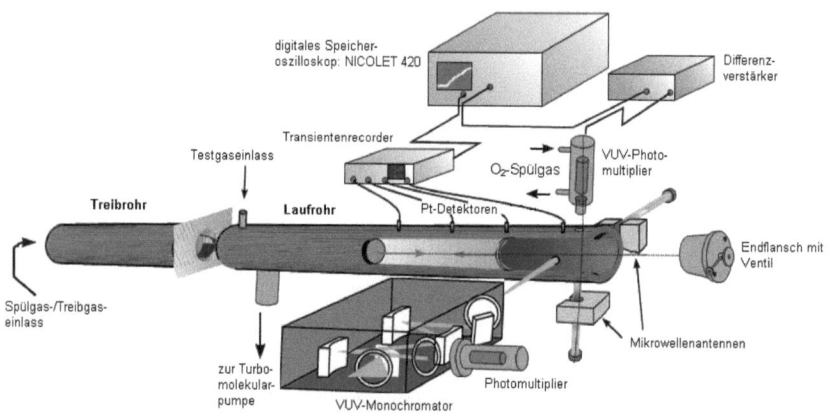

Abbildung 4.1: Schematischer Aufbau des Stoßwellenrohrs mit optischem Zugang.

Am Laufrohr befindet sich ein Zugang für die Testgasmischungen. Diese werden in einem Mischkessel (siehe unten) hergestellt und über ein Ventilsystem in das Laufrohr eingefüllt. Die Einfüllmenge in das Laufrohr wird durch einen Schaevitz-Druckaufnehmer (Typ: P914-0002; Arbeitsbereich: 0 -1 bar) erfasst. Über ein Ventil im Endflansch können vor den Experimenten Gasproben aus dem Laufrohr entnommen und gaschromatographischen Analysen zugeführt werden. Der aus Edelstahl bestehende Endflansch wird zum Ausblasen von Resten der Membran nach jedem Experiment herausgenommen. Zum Belüften und Ausblasen von Folienresten wird Stickstoff (Linde) der Reinheit $\geq$ 99,996% benutzt.

4.2 Mischkessel und Testgasmischungen

Von den benötigten Ausgangssubstanzen werden Verdünnungen in hochreinem Argon (Linde; 99,9999%) in einem Mischkessel mit einem Volumen von 55.1 l hergestellt. Die Drücke werden mit einem Druckaufnehmer (Schaevitz; Typ: P914-0002) mit einem Arbeitsbereich von 0 -1 bar gemessen. Um Wandadsorptionen der eingefüllten Substanzen zu vermeiden, sind der Mischkessel sowie die Überleitung vom Mischkessel zum Laufrohr auf 393 K beheizt. Das Abpumpen des Mischkessels erfolgt mit einer Turbomolekularpumpe (Pfeiffer Balzers; Typ: TPU 200) auf Drücke $< 3\cdot10^{-7}$ mbar bei Leckraten $< 2\cdot10^{-6}$ mbar·l·s^{-1}. Die Konzentrationen der zu untersuchenden Substanzen lagen zwischen 1.0 und 20.0 ppm. Zur Herstellung definierter Konzentrationen an Testgasmischung werden zwei Methoden angewandt:

1. Partialdruckmethode:
Ein auf 393 K beheiztes Probevolumen bekannter Größe (V_{PV} = 9,5 ml $\ll V_{Mischkessel}$ = 55,1 l) ist durch ein Ventil mit dem Mischkessel verbunden. Dieses Probevolumen wird mit einer Spiromolekularpumpe (Alcatel; Typ: Drytel 31) auf Drücke $< 1\cdot10^{-3}$ mbar evakuiert.

Mit dieser Methode kann z.B. eine gasförmige Substanz wie 1,3-Butadien eingefüllt werden. In diesem Fall lässt man die Substanz bis zum gewünschten Druck in das Probevolumen einströmen und dann in den Mischkessel expandieren. Anschließend wird die Mischung mit Argon verdünnt. Die Partialdruckmethode kann auch auf flüssige Substanzen wie z.B. 2-Butin angewendet werden. Dazu wird die flüssige Reaktionssubstanz in einer angeschlossenen Kühlfalle mit flüssigem Stickstoff ausgefroren und der Gasraum in wiederholten Pump-/ Tauzyklen evakuiert. Durch anschließendes Auftauen wird das Probevolumen zu dem gewünschten Druck befüllt und anschließend wird das Gas in den Kessel entspannt. Durch Zugeben von Argon (Linde; 99,9999%) wird die Gasmischung auf die gewünschte Ausgangskonzentration verdünnt.

2. Einwiegen:

Flüssige Stoffe, die schwerer flüchtig sind, können darüber hinaus auch in einen evakuierten und durch Septum verschlossenen Glaskolben mit einer Spritze eingebracht und abgewogen werden. Der Glaskolben wird direkt mit dem Probevolumen am Mischkessel verbunden. Das Verbindungsstück wurde vor dem Einfüllen abgesaugt und die Substanz anschließend in den Mischkessel expandiert. Durch den Glaskolben wurde von der dem Mischkessel abgewandten Öffnung her mit Argon nachgespült, um die gesamte eingewogene Substanzmenge in den Kessel zu transferieren. Um zu überprüfen, ob trotz beheiztem Mischkessel und Stoßrohr Substanzverluste durch Adsorption an den Innenwandungen auftreten, wurden Proben aus dem Mischkessel und zum Vergleich am Endflansch des Stoßrohrs gezogen. Die Gasproben wurden mittels Gaschromatographie und Flammenionisationsdetektor analysiert. Aus den gegebenenfalls auftretenden Differenzen der bestimmten Konzentrationen lässt sich die Größe der Adsorption ermitteln. Bei den in dieser Arbeit untersuchten Substanzen hat es diesbezüglich keine signifikanten Differenzen gegeben, d.h. die sie lagen bei < 5%. Mittels der gaschromatographischen Analysen wurden die Ausgangskonzentrationen der eingesetzten Stoffe ermittelt.

4.3 Die Nachweistechnik: ARAS

Um den Reaktionsablauf verfolgen zu können, wurde zur optischen Detektion der bei den Reaktionen entstehenden oder verbrauchten Radikale die Resonanzabsorptionsspektrometrie für Atome eingesetzt. Die atomare resonante Absorptionsspektrometrie (ARAS) für die Detektion atomarer Spezies wie Wasserstoff, Sauerstoff oder Stickstoff ist eine seit langer Zeit angewandte Methode, die es ermöglicht mit hoher Zeitauflösung und Nachweisempfindlichkeit Absorptions-Zeitprofile dieser Spezies in chemisch-kinetischen Systemen zu erhalten [22, 23]. Infolge der hohen Nachweisempfindlichkeit (siehe Tabelle 4.1) können Gasmischungen mit geringen Konzentrationen des jeweiligen Reaktanten untersucht werden. Aufgrund der hohen Nachweisempfindlichkeit der Absorptionsspektrometrie müssen die Gasmischungen eine hohe Reinheit aufweisen, weshalb zum Verdünnen nur Argon mit einer Reinheit von 99,9999% benutzt wurde. Der Vorteil der hohen Verdünnung besteht darin, dass bei geringen Ausgangskonzentrationen der Reaktanten der Einfluss von Folgereaktionen reduziert ist und man auf einleitende Reaktionsschritte außerordentlich sensitiv ist. Damit einher geht der Vorteil, dass sich die gemessenen Daten mit nur wenigen Reaktionen be-

4. Experimenteller Aufbau

schreiben lassen. Darüber hinaus ist unter solchen Bedingungen die Wärmetönung vernachlässigbar, so dass die Temperatur für den Reaktionsprozess als konstant anzusehen ist.
Aus Abbildung 3.1 kann man erkennen, dass sich zwei Lichtquellen an der Stoßwellenanlage befinden. Diese sind senkrecht zueinander angeordnet, was die simultane Detektion zweier Spezies ermöglicht. Als Lichtquellen dienen Mikrowellenentladungslampen mit unterschiedlichen Lampengasen.

Tabelle 4.1: Nachgewiesene atomare Spezies mit den jeweiligen Nachweiswellenlängen und Nachweisgrenzen.

Teilchen	λ [nm]	Nachweisgrenzen [Teilchen / cm^{-3}]	Lampengas
H-Atome	121,6	$5\cdot10^{11}$ - $2\cdot10^{13}$	1% H_2 / He
I-Atome	183,0	$2\cdot10^{12}$ - $6\cdot10^{13}$	0,1% CH_3I / He

Für die Messung der atomaren Wasserstoffkonzentration auf der Wellenlänge von 121,6 nm (L_α) wird ein vorgemischtes Lampengas mit 1,0% H_2/He des Lieferanten AGA Gas eingesetzt. Mit einer kontinuierlichen Mikrowellenentladung in dem strömenden Lampengas werden die Wasserstoffatome u.a. in den ^{2}P-Zustand angeregt. Beim Übergang in den elektronischen Grundzustand ^{2}S wird das Resonanzlicht (λ = 121,6 nm) emittiert. Dieses wird benutzt um die bei den im Stoßrohr ablaufenden chemischen Reaktionen gebildeten H-Atome nachzuweisen. Damit das emittierte Resonanzlicht in den Innenraum des Stoßrohres gelangen und detektiert werden kann, sind in vertikaler (für H-ARAS-Messungen) und horizontaler (für I-ARAS-Messungen) Richtung jeweils zwei MgF_2-Fenster ($\varnothing$ = 9 mm) eingesetzt. Diese besitzen im gemessenen UV-Bereich eine ausreichend hohe Transmission. Die Lampe wird bei einem Lampengasdruck von 7,7 mbar und einer Mikrowellenleistung von P_{MW} = 50 W betrieben. Auf der Nachweisseite kommt ein im Sauerstoffbad (p_{O_2} = 230 mbar) befindlicher sonnenblinder Photomultiplier (ET Enterprises electron tubes; Typ: 9403 B, CsI-Photokathode) mit vorgeschaltetem L_α-Interferenzfilter (Acton Research; $\varnothing$ = 0.5", maximale Transmission 10%, FWHM 9,6 nm) zum Einsatz. O_2 besitzt zwischen 120 und 170 nm eine ausgeprägte Absorptionsbande, die jedoch in der Nähe der L_α-Wellenlänge eine Lücke aufweist. Somit wirkt der Sauerstoff als zusätzlicher spektraler Filter für L_α-Licht. Die Zeitauflösung der Experimente ergibt sich aus dem Verhältnis von Fensterdurchmesser ($\varnothing$ = 9 mm) zur Geschwindigkeit der reflektierten Stoßwelle ($v_{ref} \approx$ 500 m·s^{-1}) und liegt bei etwa 18 µs.
Verwendet man I-ARAS als Detektionsmethode für den Nachweis von I-Atomen, wird als Lampengas eine Mischung von 0,1% Methyliodid (CH_3I) in Helium benutzt. Um diese Lampe zu betreiben wird zunächst ein He-Gasstrom (Linde; 99,996%) von 4 mbar eingestellt und im Anschluss daran der Lampengasdruck von 4 mbar 0,1% CH_3I/He. Dadurch, dass zunächst ein He-Gasstrom eingestellt wird, bildet sich an der Eintrittsseite auf dem MgF_2-Fenster ein He-Gasfilm. Durch diesen He-Gasfilm wird die Wechselwirkung zwischen dem CH_3I des eigentlichen Lampengases und dem MgF_2 vermindert, wodurch die Abnutzung der MgF_2-Fenster verlangsamt wird. Die Wellenlänge für den Nachweis von I-Atomen wurde mit einem VUV-Monochromator (McPherson,

Typ 225; Brennweite: 1 m; Blazewellenlänge: 150 nm; reziproke lineare Dispersion: 0,83 nm·mm^{-1}) selektiert. Nachdem der Lichtstrahl den Monochromator durchlaufen hat, fällt er auf einen sonnenblinden Photomultiplier (Schlumberger; Typ: R976, Cs-Te-Photokathode). Aufgrund des kleineren Absorptionsquerschnittes der Iod-Atome ist diese Methode weniger sensitiv als die H-ARAS-Methode. Die Signale der Photomultiplier werden schließlich mit Hilfe von Differenzverstärkern (Stanford Research SR 560, batteriebetrieben) verstärkt und zu einem Zweikanalspeicheroszilloskop (Nicolet 420) geleitet.

4.4 Datenaufnahme und Auswertung

Vor Durchführung eines Experiments wird zunächst die Maximalintensität (0% Absorption) und dann die Nullintensität bei verschlossenem Lichteintritts-Fenster (100% Absorption) aufgenommen. Aus der Differenz der Signalhöhen der 0%- und 100%-Absorptionskurve ergibt sich die für die Berechnung von Absorptionswerten notwendige Bezugslinie. Die Absorptionen werden gemäß Gleichung (4.1) berechnet:

$$A = \frac{H_{Meßsignal}}{H_{Bezugslinie}}. \qquad (4.1)$$

A ist die Absorption, $H_{Meßsignal}$ die Höhe des Meßsignals und $H_{Bezugslinie}$ die Höhe der Bezugslinie. Das Absorptionssignal, das den Zustand nach der reflektierten Stoßwelle darstellt, setzt zum Zeitpunkt t_0 ein. Der Zeitpunkt t_0 folgt näherungsweise aus der Geschwindigkeit der einfallenden Stoßwelle und aus dem Abstand der Platin-Meßsonde zum Endflansch (d = 290 mm), deren Signal den Transientenrecorder triggert:

$$t_0 = \frac{v_{inc}}{d}. \qquad (4.2)$$

v_{inc} ist hierbei die Geschwindigkeit der einfallenden Stoßwelle. Wenn das Experiment gestartet wird, läuft die Stoßwelle durch das Laufrohr. Das Speicheroszilloskop wird von der letzten Platin-Meßsonde getriggert. Dadurch hat man vor Eintreffen der reflektierten Stoßwelle ca. 500 µs Aufnahmezeit zur Messung der Grundlinie. Die Photomultipliersignale werden in das Speicheroszilloskop eingelesen und auf 3.5"-Disketten gespeichert. Mit dem Auswertungsprogramm NICOLET7 [17] können die gespeicherten Daten eingelesen und einer allgemeinen Datenanalyse mit dem Programm Origin 7.5 der Firma OriginLab zugänglich gemacht werden. Für die kinetischen Modellierungen der experimentellen Daten werden die gemessenen zeitlichen Absorptionsprofile in Teilchenzahldichteprofile umgerechnet. Für die Zuordnung von Absorptionen in Teilchenzahldichten dienen Eichkurven für die jeweils verwendete Wellenlänge.

4.5 Eichung der Absorptionswellenlängen

Das durch die kontinuierliche Mikrowellenentladung erzeugte Plasma in den Gasentladungslampen besitzt eine räumlich ausgedehnte Temperaturverteilung. Aufgrund dessen ist die Linienbreite des emittierten Lichtes breiter als die Absorptionsbreite der entsprechenden atomaren Spezies im Stoßrohr. Außerdem kommt es auch zu Selbstabsorptionseffekten, welche die Form der Emissionslinien erheblich beeinflussen. Durch Linienverbreiterungs- und Selbstabsorptionseffekte kann für die Umrechnung der Absorption in Teilchenzahldichten das Lambert-Beersche Gesetz nicht angewandt werden. Statt dessen bedient man sich im Allgemeinen einer Kalibrierung der ARAS-Lampen.

4.5.1 H-Kalibrierkurve

Um die Gasentladungslampe für die H-ARAS-Messungen zu kalibrieren, werden Experimente mit einer vorgemischten Gasmischung des Lieferanten AGA Gas GmbH durchgeführt. Diese Gasmischung enthält N_2O (2,0 ± 0,10 ppm), H_2 (207 ± 10 ppm) und Ar. Bei Temperaturen oberhalb von 1600 K dissoziieren N_2O-Moleküle schnell zu N_2 und O-Atome. Durch die Umsetzung von O mit H_2 werden die H-Atome produziert. Bei diesen hohen Temperaturen (1600 K $\leq T_5 \leq$ 2000 K) wird im Vergleich zu N_2O die Spezies H_2 im Überschuss verwendet, um aus allen O-Atomen quantitativ zwei H-Atome zu erhalten. Die wichtigsten Reaktionen für das kinetische H-Kalibrierungsmodell sind in Tabelle 4.2 aufgeführt.

Tabelle 4.2 Reaktionen und Arrheniusausdrücke für das Reaktionssystem H_2 / N_2O / Ar; Parametrisierung: $k(T) = A \, (T/K)^n \exp(-E_a/RT)$; Einheiten: cm^3, s^{-1}, mol^{-1}, K.

Nr	Reaktion	A	n	E_a/R	Quelle
4.1	$N_2O + Ar \rightleftharpoons N_2 + O + Ar$	$9,3 \cdot 10^{14}$	0,0	29924	[24]
4.2	$H_2 + O \rightleftharpoons H + OH$	$5,1 \cdot 10^4$	2,67	3165	[25]
4.3	$H_2 + OH \rightleftharpoons H_2O + H$	$1,2 \cdot 10^9$	1,3	1825	[25]
4.4	$OH + OH \rightleftharpoons H_2O + O$	$6,0 \cdot 10^8$	1,3	0	[25]
4.5	$H_2 + Ar \rightleftharpoons H + H + Ar$	$2,2 \cdot 10^{14}$	0,0	48309	[25]

Das hier und auch in späteren Tabellen zu sehende Symbol „$\rightleftharpoons$" bedeutet, dass für die Modellierungen die gezeigten Reaktionen reversibel ablaufen, d.h. dass sowohl Hin- als auch Rückreaktionen berücksichtigt werden. Über die Thermodynamik sind die Werte für $k(T)$ für die entsprechenden Rückreaktionen ebenfalls gegeben. Wenn hingegen explizit ein Reaktionspfeil ($\rightarrow$) benutzt wird, so bezieht man sich damit nur auf die in der angegebenen Richtung ablaufende Reaktion.

Mit diesem Reaktionssystem, dessen Teilreaktionen sehr gut untersucht sind, lässt sich durch numerische Integration der Zeitgesetze der einzelnen Spezies für die jeweiligen experimentellen Bedingungen (p_5, T_5) der zeitliche Verlauf der Konzentration an Wasserstoffatomen berechnen und mit dem gemessenen zeitlichen Verlauf der Absorption im Experiment vergleichen. Da die ARAS-Lampe Schwankungen unterworfen ist, muss die Kalibrierung häufig wiederholt werden. Vor Beginn einer jeden Messreihe werden mehrere Kalibrierexperimente bei verschiedenen Temperaturen ($T_5 \approx 1600 - 2000$ K) und ähnlichen Drücken ($p_5 \approx 2$ bar) durchgeführt. Die für die Umrechnung von gemessenen Absorptionen in Teilchenzahldichten notwendige Kalibrierfunktion wurde jeweils aus einer Serie von mehreren Kalibrierexperimenten abgeleitet, um die Schwankungen des Lampenprofils mit zu berücksichtigen. Die erhaltenen Wertepaare von gemessener Absorption und berechneter Wasserstoffatom-Konzentration werden doppelt-logarithmisch aufgetragen.

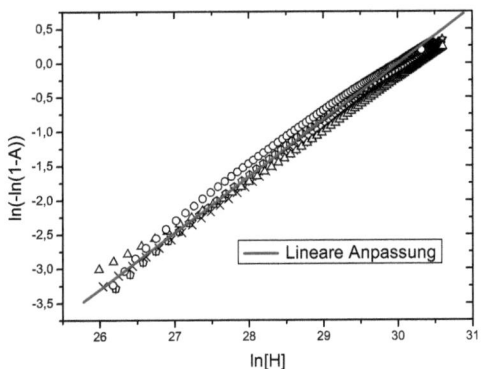

Abbildung 4.2: Doppelt-logarithmische Auftragung und lineare Anpassung von den aus einer Serie von Kalibrierexperimenten erhaltenen Wertepaaren von berechneter H-Atom-Konzentration und gemessener Absorption.

Bezüglich des Zusammenhangs zwischen berechneter Konzentration an H-Atomen mit gemessener Absorption von H-Atomen geht man von einem modifizierten Ausdruck des Lambert-Beer'schen Gesetzes aus:

$$A = 1 - \exp(-l \cdot X \cdot [H]^n). \quad (4.3)$$

A bezeichnet die Absorption, l die optische Pfadlänge, $[H]$ die Konzentration an Wasserstoffatomen. X und n stellen Parameter zum Anpassung der Kalibrierfunktion dar. Wenn Gleichung (4.3) nach (1-A) und umgeformt und anschließend logarithmiert wird, ergibt sich folgender Zusammenhang:

$$\ln(-\ln(1-A)) = \ln(X) + \ln(l) + n \cdot \ln[H]. \quad (4.4)$$

Die Steigung der in Abbildung 4.2 gezeigten Geraden entspricht dem Parameter n. Aus dem y-Achsenabschnitt [$\ln(X) + \ln(l)$] lässt sich hingegen der Parameter X berechnen. Wenn die Parameter

4.Experimenteller Aufbau

n und X gegeben sind, lassen sich die Wertepaare von berechneter Konzentration und gemessener Absorption gemäß Gleichung (4.3) anpassen.

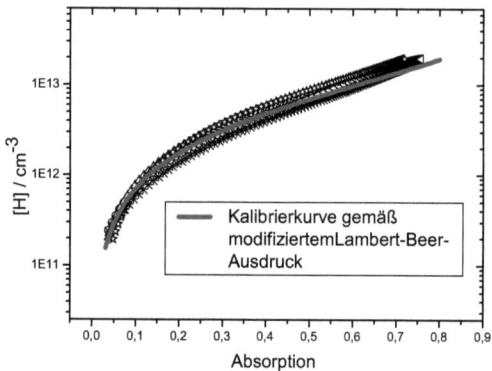

Abbildung 4.3: Abgeleitete H-ARASKalibrierkurve aus einer Serie von Kalibrierexperimenten; Absorption bei $\lambda = 121{,}6$ nm; $T_5 \approx 1600 - 2000$ K; $p_5 \approx 1{,}7 - 2{,}3$ bar; Lampengasmischung: 1% H_2/He.

4.5.2 I-Kalibrierkurve

In dieser Arbeit wurde u.a. die H-Abstraktion von Cyclohexan durch Reaktion mit H-Atomen untersucht. Als *in situ*-Quelle für H-Atome wurde Iodethan (C_2H_5I) eingesetzt. Darüber hinaus wurden auch Experimente zur Pyrolyse von 6-Iod-1-Hexen durchgeführt. Wegen der im Vergleich zu den C-H-Bindungen niedrigeren Bindungsdissoziationsenergie der C-I-Bindung wird das Iodatom durch thermische Anregung leichter von dem Molekül abgespalten als die H-Atome. Oberhalb einer bestimmten Temperaturschwelle liegen nach Zeiträumen, die unterhalb der experimentellen Zeitauflösung des optischen Aufbaus liegen, nur noch Iodatome und der Radikalrest vor. Iodierte Kohlenwasserstoffe lassen sich somit im Prinzip als Vorläufermoleküle für Radikale einsetzen. Zu diesem Zweck muss die iodierte Substanz vollständig nach dem Schema RI → R• + I zerfallen und ein möglicher parallel ablaufender Kanal RI → R´ + HI keinen signifikanten Einfluss besitzen. Wenn letzteres der Fall wäre, würde eine der Verzweigung in den HI-Kanal entsprechende Anfangskonzentration an R´ und HI vorliegen. Durch die Folgereaktion HI + H → H_2 + I könnten dem untersuchten Reaktionssystem H-Atome entzogen werden, was die Ableitung kinetischer Aussagen stören würde. Elementarkinetische Untersuchungen von Kumaran/Michael [26], Scherer [27] und Bentz [28] haben gezeigt, dass beim thermischen Zerfall von C_2H_5I die Konkurrenzreaktion C_2H_5I → C_2H_4 + HI unter den vorliegenden experimentellen Bedingungen ($T_5 > 1050$ K; $p_5 \approx 2{,}0$ bar) von so geringem Einfluss ist, dass die Eliminierung von HI nicht weiter berücksichtigt werden muss. Die Eichkurve für Iod-Atome wurde von Frau Dr. C. Xu [29] aus Messungen zum Zerfall von Iodmethan (CH_3I) in CH_3-Radikale und I-Atome erstellt. Dazu wurden Testgasmischungen im ppm-

Bereich hergestellt. Am Endflansch des Stoßrohres wurden Gasproben entnommen und mit einem Gaschromatographen mit Flammenionisationsdetektor (GC-FID) quantitativ analysiert. Nach der Probenahme wurde das im Laufrohr befindliche CH₃I/Ar-Gasgemisch mittels der Stoßwellentechnik aufgeheizt und die Absorption auf der Wellenlänge von 183.1 nm gemessen. CH₃I zerfällt oberhalb von 1300 K hinreichend schnell um bei Mischungskonzentrationen von wenigen ppm stationäre ARAS-Profile von Iod-Atomen zu erzeugen. Somit ist eine Zuordnung von Absorption zu der am GC-FID gemessenen CH₃I-Konzentration möglich. Abbildung 4.4 zeigt die mit dieser Methode ermittelte Eichkurve.

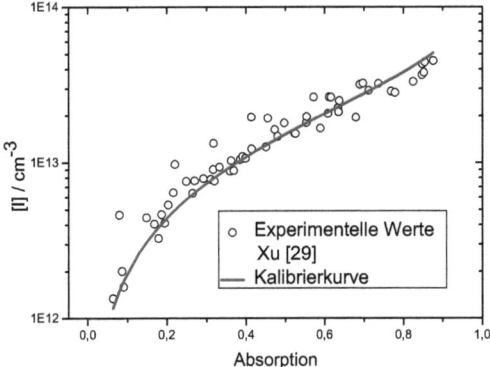

Abbildung 4.4: I-ARAS-Kalibrierkurve aus Experimenten zum thermischen Zerfall von CH₃I; Absorption bei λ = 183,1 nm; T_5 = 1130 – 2370 K; p_5 = 1,5 – 2,0 bar; [CH₃I]₀ = 1,0 – 4,1 ppm; Lampengasmischung: 1% CH₃/He.

4.6 Herstellung der Reaktionsgasmischungen

4.6.1 Mischungen für die Pyrolyse von 1,3-Butadien

1,3-Butadien (1,3-C_4H_6) ist kommerziell erhältlich (Fa. Linde). Die Reinheit der Substanz wurde mittels Gaschromatographie kontrolliert und betrug 99%. Die Reaktionsgasmischungen wurden mittels Partialdruckmethode hergestellt (Siedepunkt von 1,3-C_4H_6 ist 269 K bei 1 atm). Zum Verdünnen der Gasmischungen wurde Argon mit einer Reinheit von 99,9999% verwendet. Um die Ausgangskonzentration von 1,3-C_4H_6 zu bestimmen, wurden am Endflansch des Stoßrohres mit einem beheizten und lichtgeschützten Glasbehälter Gasproben gezogen. Jeder Gasprobe wurde ein innerer Standard zugemischt. Bei der Analyse von 1,3-C_4H_6 wurde n-Pentan (C_5H_{12}; 19,9 ppm in Ar) als innerer Standard eingesetzt. Aufgrund der hohen Verdünnung der Gasmischungen wurde die Substanz angereichert: Nach Zugabe des inneren Standards wurde die Gasmischung vorsichtig durch ein mit flüssigem Stickstoff gekühltes U-Rohr aus Edelstahl gesaugt. Die Durchsaugrate betrug 3 – 5 mbar / Minute. Nach dem Durchsaugen der Substanz wurde das U-Rohr erwärmt, die Substanz mit Argon (ca. 100 mbar) beaufschlagt und anschließend für 25 Minuten in einem Ofen bei 383 K aufgeheizt. Danach wurden mit einer Gasspritze 3 ml des Gasgemisches in den Gaschromatographen (GC; Shimadzu; GC-2010) injiziert. Die Spezies werden mit einem Flammenionisationsdetektor (FID) nachgewiesen. Für diese GC-Messungen wurde eine PLOT-Säule (englisch: *porous layer open tubular column*) benutzt (Gaspro 60 m, id: 0,32 mm). Folgende Messbedingungen wurden eingestellt: Säulentemperatur 383 K, Injektor- und Detektortemperatur 523 K; Trägergas 1,2 bar He (Fa. Linde; 99,999%: ECD-Qualität) und jeweils 0,6 bar H_2 und synthetische Luft als Brenngase für den FID. Die Retentionszeit des 1,3-C_4H_6 betrug 31,2 min und die des C_5H_{12} 46,0 min.

4.6.2 Mischungen für die Pyrolyse von 2-Butin

Reaktionsgasmischungen von 2-Butin (2-C_4H_6; Sigma-Aldrich) verdünnt in Argon wurden ebenfalls mittels Partialdruckmethode hergestellt. 2-C_4H_6 wurde in einem Metallzylinder aufbewahrt. Die für die Herstellung einer Gasmischung gewünschte Menge wird mittels einer Spritze (V = 100 µl) in ein als Kühlfalle dienendes biegsames Metallröhrchen injiziert. Um die Substanz in den Kessel transferieren zu können, wird die Kühlfalle mit dem in flüssigen Stickstoff ausgefrorenen 2-Butin mit einem Adapter gekoppelt, der wiederum mit dem Probenahmevolumen des Mischkessels verbunden ist. Die Kühlfalle wird vor dem Einfüllen des 2-C_4H_6 auf Drücke von < 10^{-6} mbar abgesaugt um eventuell in die Kühlfalle eingedrungene Luft zu entfernen. Dabei wird die Kühlfalle weiterhin mit flüssigem Stickstoff gekühlt. Dann wird die Substanz bei Raumtemperatur direkt in den Mischkessel sublimiert und mit Argon verdünnt.
Es wurden wie beim 1,3-C_4H_6 Proben am Endflansch des Stoßrohrs gezogen und gaschromatographisch (Shimadzu; GC-14A) analysiert. Als Trennsäule wurde hierbei eine Kapillarsäule benutzt (BPX5, 60 m, Filmdicke: 1 µm). Einstellung der Messbedingungen (Temperaturprogramm):

Temperatur der Säule 303 K, Injektor- und Detektortemperatur 423 K; auch hier und bei allen anderen GC-Analysen, die im Rahmen dieser Arbeit durchgeführt wurden, waren diese Gasströme eingestellt: Trägergas 1,2 bar He und jeweils 0.6 bar H_2 und synthetische Luft. Für die GC-Analytik wurde die Substanz angereichert und mit n-Hexan (C_6H_{14}; 10.1 ppm in Ar) als innerem Standard versetzt. Die Retentionszeit des 2-C_4H_6 betrug 6,3 min und die des C_6H_{14} 10,8 min. Für alle weiteren im Folgenden beschriebenen gaschromatographischen Analysen wurde das GC-Gerät mit der Bezeichnung GC-14A von der Firma Shimadzu benutzt (s.o.).

4.6.3 Mischungen für die Pyrolyse von Cyclohexan und 1-Hexen

Gasmischungen von Cyclohexan (cC_6H_{12}) in Argon und 1-Hexen (1-C_6H_{12}) in Argon wurden mittels der Einwiege-Methode präpariert. Beide Substanzen sind kommerziell erhältlich: Cyclohexan mit einer Reinheit von ca. 97% (Merck) und 1-Hexen mit einer Reinheit von rund 99% (Fisher-Scientific GmbH). Für die GC-Analytik beider Substanzen wurde die bereits beschriebene Anreicherungsprozedur angewendet und in beiden Fällen wurde n-Hexan als innerer Standard (4,7 ppm in Ar für cC_6H_{12}-Messungen und 6,3 ppm in Ar für 1-C_6H_{12}-Messungen) benutzt. Zur Trennung wurde die BPX5-Kapillarsäule verwendet (s.o.). Die Temperatur der Säule betrug in beiden Fällen 343 K; Injektor- und Detektortemperatur jeweils 423 K. Unter diesen Bedingung lag die Retentionszeit von n-Hexan bei 8,5 min, die von 1-Hexen bei 8,8 min und die von Cyclohexan bei 13,7 min. Auch wenn die Retentionszeiten von n-Hexan und 1-Hexen nahe beieinander liegen, so sind in den Chromatogrammen die Peaks beider Subtanzen vollständig getrennt (siehe Abbildung 4.5).

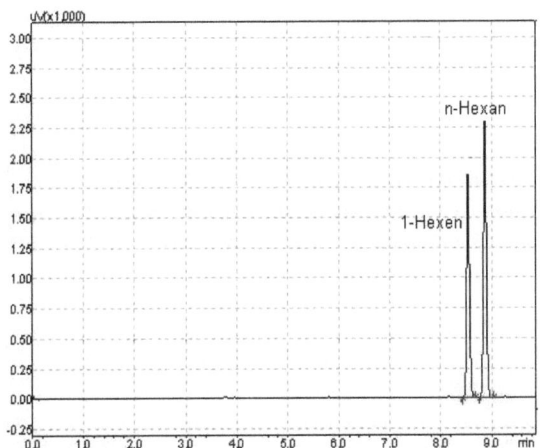

Abbildung 4.5: Chromatogramm von einer am Endflansch gezogenen Gasprobe. Reaktionsgasmischung: 1-Hexen in Argon (2,4 ppm). Aufgetragen ist die Intensität des FID-Signals gegen die Retentionszeit.

4.Experimenteller Aufbau

4.6.4 Mischungen für die Reaktion von Cyclohexan mit Wasserstoff-Atomen

Um die Reaktion von Cyclohexan mit H-Atomen untersuchen zu können, wurden Reaktionsgasmischungen von Iodethan (C_2H_5I; Fisher Scientific, Reinheit: 98%) und einem Überschuss an Cyclohexan (cC_6H_{12}) verdünnt in Argon hergestellt. Die Herstellung der Gasmischungen erfolgte nach der Einwiegemethode.
Die als Reaktionspartner auftretenden H-Atome entstehen aus dem schnellen thermischen Zerfall von C_2H_5I. Für die gaschromatographischen Analysen wurde die bereits beschriebene BPX5-Kapillarsäule verwendet. Die Temperaturen von Trennsäule, Injektor und Detektor waren identisch mit den Temperaturen, die für die GC-Analytik von Cyclohexan und 1-Hexen eingestellt wurden. Als innerer Standard wurde ebenfalls n-Hexan (23,8 ppm in Ar) verwendet. Die Retentionszeit von Iodethan lag bei 10,6 min (zum Vergleich: R_t(Cyclohexan) 13,7 min und R_t(n-Hexan) 8,5 Minuten).

4.6.5 Mischungen für den thermischen Zerfall von 6-Iod-1-Hexen

Die Substanz 6-Iod-1-Hexen ($C_6H_{11}I$-16) wurde als Vorläufermolekül für 1-Hexen-6-yl-Radikale (C_6H_{11}-16) eingesetzt. $C_6H_{11}I$-16 war kommerziell nicht erhältlich und musste synthetisiert werden. Mittels der Finkelsteinreaktion [30] wurde das kommerziell erhältliche Edukt 6-Chlor-1-Hexen ($C_6H_{11}Cl$; Fisher Scientific; 97%) mit NaI in Aceton als Lösungsmittel zu $C_6H_{11}I$-16 umgesetzt und mittels Vakuumdestillation gereinigt. Die Reinheit der hergestellten Substanz wurde gaschromatographisch kontrolliert. Anschließend wurden Gasmischungen von $C_6H_{11}I$-16 verdünnt in Argon mittels der Einwiegemethode hergestellt. Bezüglich der Temperatur der Trennsäule wurde ein Temperaturgradient eingestellt: Für 10 min wurde die Trennsäule auf 313 K gehalten, danach erfolgte ein Temperaturanstieg um jeweils 5 K pro Minute, bis eine Temperatur von 493 K erreicht wurde. Die Temperatur des Injektors betrug 473 K, die des Detektors 523 K. Die Retentionszeit des $C_6H_{11}I$-16 betrug 33,1 Minuten. Als innerer Standard wurde auch hier n-Hexan (15,4 ppm in Ar) benutzt. Die Reinheit des $C_6H_{11}I$-16 lag entsprechend der gaschromatographischen Analyse bei rund 98.5%. Als Hauptbestandteil der Verunreinigung wurde das Edukt $C_6H_{11}Cl$ mit einer Retentionszeit von ca. 24,5 Minuten identifiziert.

5. Untersuchte Reaktionen

5.1 Die Pyrolyse von 1,3-Butadien und 2-Butin

5.1.1 Einleitung

In der Einleitung wurde bereits dargestellt, dass 1,3-Butadien (1,3-C_4H_6) ein wichtiges Zwischenprodukt des thermischen Zerfalls von Cyclohexen darstellt. Darüber hinaus sind die dort ablaufenden Reaktionen auch im Kontext der Bildung polyaromatischer Kohlenwasserstoffe (PAH) von Bedeutung. PAHs gelten als Vorläufer für die Bildung von Rußpartikel. Für die Bildung von PAHs wurden verschiedene Bildungspfade diskutiert. Ein von Frenklach und Warnatz [31] vorgeschlagener Pfad verläuft über die Addition von Vinylradikalen (C_2H_3) and Ethin-Moleküle (C_2H_2). Das entstehende 1,3-Butadien-4-yl-Radikal (nC_4H_5) kann wieder an ein weiteres C_2H_2-Molekül addieren, wobei ein 1,3,5-Hexatrien-6-yl-Radikal (nC_6H_7) gebildet wird. Über eine Cyclisierung und unmittelbar folgende Abspaltung von einem H-Atom entsteht Benzol (cC_6H_6):

$$C_2H_3 + C_2H_2 \rightarrow nC_4H_5, \qquad (R_{5.1})$$

$$nC_4H_5 + C_2H_2 \rightarrow nC_6H_7, \qquad (R_{5.2})$$

$$nC_6H_7 \rightarrow cC_6H_6 + H. \qquad (R_{5.3})$$

C_2H_2 entsteht z.B. aus dem thermischen Zerfall von 1,3-C_4H_6. Eine der ersten experimentellen Studien zum thermischen Zerfall von 1,3-C_4H_6 stammt von Kiefer et al. [32] aus dem Jahr 1985. In dieser Arbeit wurden Stoßwellenexperimente durchgeführt, in denen einerseits hinter einfallenden Stoßwellen (1550 K < T_2 < 2200 K; 0,26 bar < p_2 < 0,67 bar) die Laserschlieren-Technik als Detektionsmethode benutzt wurde und andererseits hinter reflektierten Stoßwellen (1400 K < T_5 < 2000 K; $p_5 \approx$ 0,4 bar) die Verteilung stabiler Reaktionsprodukte mittels Flugzeit-Massenspektrometrie gemessen wurde. Die Reaktionsgasmischungen setzten sich zusammen aus 1 – 5% 1,3-C_4H_6 verdünnt in Argon oder Krypton als Inertgase. Bei diesen hohen Konzentrationen laufen Folgereaktionen in ganz erheblichem Umfang ab und sind für die Interpretation der experimentellen Daten unbedingt zu berücksichtigen. Infolgedessen lassen sich derartige Experimente nur durch relativ komplexe Reaktionsmodelle beschreiben und interpretieren. Die Schlussfolgerung bestand darin, dass 1,3-C_4H_6 fast ausschließlich über einen C-C-Bindungsbruch in zwei Vinylradikale zerfallen sollte:

$$1,3\text{-}C_4H_6 \rightarrow 2\ C_2H_3, \qquad (R_{5.4})$$

$$C_2H_3 \rightarrow C_2H_2 + H. \qquad (R_{5.5})$$

5. Untersuchte Reaktionen

Die massenspektrometrisch erhaltenen Produktverteilungen zeigten, dass jedoch neben C_2H_2 Ethen (C_2H_4) das Hauptprodukt der Pyrolyse von 1,3-C_4H_6 ist. Die Bildung von C_2H_4 wurde mit dem Ablauf von verschiedenen Sekundärreaktionen erklärt:

$$H + 1{,}3\text{-}C_4H_6 \rightarrow C_2H_3 + C_2H_2 + H_2, \qquad (R_{5.6})$$

$$C_2H_3 + 1{,}3\text{-}C_4H_6 \rightarrow nC_4H_5 + C_2H_4. \qquad (R_{5.7})$$

Gemäß Kiefer et al. [32] ist Reaktion $R_{5.4}$ druckabhängig. Aus RRKM (Rice-Ramsperger-Kassel-Marcus)-Rechnungen leiteten die Autoren einen Hochdruckgrenzwert ab: $k_{R5.4(\infty)}(T) = 4{,}1 \cdot 10^{16}$ exp(-47000 K/T) s^{-1}. Kiefer et al. führten später erneut Stoßwellenexperimente aus, in denen hinter einfallenden Stoßwellen mittels eines gepulsten Lasers zeitaufgelöst die Absorption des bei der Pyrolyse verbrauchten Eduktes 1,3-C_4H_6 gemessen wurde [33]. Laut den Autoren bestätigen die dabei erhaltenen experimentellen Daten die Ergebnisse ihrer vorhergehenden Untersuchung zum thermischen Zerfall von 1,3-C_4H_6 und deuten darauf hin, dass 1,3-C_4H_6 im einleitenden Reaktionsschritt nahezu ausschließlich in zwei Vinylradikale zerfällt. Die neuen Daten sowie ein Teil der aus der vorherigen Studie erhaltenen Daten wurden mit RRKM-Rechnungen analysiert und für Reaktion $R_{5.4}$ wurde ein modifzierter Hochdruckgrenzwert $k_{R5.4(\infty)}(T) = 1{,}0 \cdot 10^{17}$ exp(-47305/T) s^{-1} erhalten, der mit dem aus [32] in guter Übereinstimmung steht.

Wenig später wurden von Skinner und Mitarbeitern [34] zum thermische Zerfall von 1,3-C_4H_6 Stoßwellenexperimente mit hochverdünnten Reaktionsgasmischungen (3 – 10 ppm 1,3-C_4H_6 in Ar) durchgeführt, in denen hinter reflektierten Stoßwellen (1500 K < T_5 < 1800 K; $p_5 \approx 2{,}7$ bar) zeitaufgelöst die Bildung von H-Atomen gemessen wurde. Allerdings waren die gemessenen Konzentrationen an gebildeten H-Atomen mit ca. 1 – 1,5·10^{12} cm^{-3} (nach 300 µs Reaktionsdauer; $T_5 \approx$ 1670 K) z.B. für die Experimente mit einer 1,3-C_4H_6-Konzentration von 10 ppm relativ niedrig. Entsprechend dem Reaktionsmodell von Kiefer et al. [33] hätten bereits nach Reaktionszeiten von ca. 200 µs H-Atom-Teilchenzahldichten von deutlich über 1·10^{13} cm^{-3} gemessen werden müssen (bei gleicher Konzentration, also 10 ppm 1,3-C_4H_6, und gleicher Temperatur, 1670 K). Wenn der C-C-Bindungsbruch zu zwei Vinylradikalen entsprechend der Annahme von Kiefer et al. der dominierende einleitende Reaktionsschritt wäre, so hätte die von Skinner et al. gemessene Rate an H-Atomen relativ hoch gewesen sein müssen, weil aus der schnell ablaufenden Folgereaktion $R_{5.5}$ unmittelbar H-Atome freigesetzt werden. Skinner et al. interpretierten ihre Ergebnisse dahingehend, dass es einen anderen einleitenden dominierenden Reaktionskanal geben müsse. Sie vermuteten, dass in einem molekularen Kanal 1,3-C_4H_6 zu C_2H_2 und C_2H_4 reagiert:

$$1{,}3\text{-}C_4H_6 \rightarrow C_2H_2 + C_2H_4. \qquad (R_{5.8})$$

Gemäß den Autoren dieser Studie ist $R_{5.8}$ keine Elementarreaktion. In einem ersten Schritt werden C_2H_4 und ein Carben (CCH_2) gebildet. Aus diesem Carben entsteht dann in einer schnellen Folgereaktion das C_2H_2-Molekül:

$$1{,}3\text{-}C_4H_6 \rightarrow C_2H_4 + CCH_2, \qquad (R_{5.9})$$

$$CCH_2 \rightarrow C_2H_2. \hspace{2cm} (R_{5.10})$$

Skinner et al. versuchten ihre H-ARAS-Experimente mit einem vereinfachten globalkinetischen Reaktionsmodell zu interpretieren, welches die Reaktionen $R_{5.4}$ und $R_{5.5}$ umfasst, sowie zwei weitere Globalreaktionen:

$$1,3\text{-}C_4H_6 \rightarrow \text{Produkte}, \hspace{2cm} (R_{5.11})$$

$$\text{Produkte} \rightarrow X + H. \hspace{2cm} (R_{5.12})$$

Zu den Globalreaktionen wurden durch Anpassen an die gemessenen H-ARAS-Profile ebenfalls Arrheniusausdrücke abgeleitet. Ein detailliertes elementarkinetisches Reaktionsmodell zur Interpretation der H-ARAS-Experimente konnte zu dem damaligen Zeitpunkt noch nicht formuliert werden. Skinner et al. schätzten basierend auf ihren Experimenten für Reaktion $R_{5.4}$ folgenden Arrheniusausdruck ab: $k_{R5.4}(T) = 3,7 \cdot 10^{12} \exp(-42776 \text{ K}/T) \text{ s}^{-1}$. Die in [34] angegebenen Geschwindigkeitskoeffizienten für Reaktion 5.4 liegen ca. 3 Größenordnungen unter den von Kiefer et al. [32, 33] angegebenen Werten. Somit stehen die von Kiefer und Skinner gezogenen Schlussfolgerungen im Widerspruch zueinander.

Weitere experimentelle Untersuchungen zum thermischen Zerfall von 1,3-C_4H_6 wurden in der Folge schließlich von Hidaka und seinen Mitarbeitern [11] durchgeführt. In einer Serie von Single-Pulse-Stoßwellenexperimenten wurde mittels Gaschromatographie die Verteilung stabiler Reaktionsprodukte ermittelt (1200 K < T_5 < 1700 K; 1,4 bar < p_5 < 2,2 bar). Um die gemessenen Daten interpretieren zu können, wurden zum thermischen Zerfall von 1,3-C_4H_6 weitere einleitende Reaktionen hinzugefügt. Hierbei handelt es sich um die Isomerisierungen zum 2-Butin (2-C_4H_6) und zum 1,2-Butadien (1,2-C_4H_6), die in der Arbeit von Hidaka als Rückreaktionen formuliert sind:

$$1,2\text{-}C_4H_6 \rightleftharpoons 1,3\text{-}C_4H_6, \hspace{2cm} (R_{(-5.13)})$$

$$2\text{-}C_4H_6 \rightleftharpoons 1,3\text{-}C_4H_6. \hspace{2cm} (R_{(-5.14)})$$

Für die Kennzeichnung einer Rückreaktion wird ein negatives Vorzeichen benutzt. Die Hinreaktion $R_{5.13}$ wäre hierbei als 1,3-$C_4H_6 \rightleftharpoons$ 2-C_4H_6 zu formulieren. Für die Reaktionen $R_{(-5.13)}$ und $R_{(-5.14)}$ sowie für die Reaktionen $R_{5.4}$ und $R_{5.8}$ wurden aus den kinetischen Modellierungen Arrheniusausdrücke abgeschätzt. Ein weiterer wichtiger Aspekt ist, dass Reaktion $R_{5.4}$ auch bei Hidaka et al. einen wichtigen einleitenden Reaktionskanal darstellt. Bezogen auf $R_{5.4}$ liegen die von Hidaka abgeschätzten Geschwindigkeitskoeffizienten immer noch ca. 2 Größenordnungen über den von Skinner et al. [34] abgeschätzten Werten. Hinzu kommt, dass durch die hinzugefügten einleitenden Reaktionen $R_{5.13}$ und $R_{5.14}$ weitere Folgereaktionen hinzukommen, die zu einer deutlich erhöhten Komplexität des Reaktionsmodells führen, mit dem der thermische Zerfall von 1,3-C_4H_6 beschrieben wird.

5. Untersuchte Reaktionen

Schließlich wurde im Jahr 2000 in einer Arbeit von A. Laskin und H. Wang [35] die Oxidation und Pyrolyse von 1,3-C_4H_6 in einem Strömungsreaktor untersucht. Die Pyrolyse-Experimente wurden bei Temperaturen von 1100 – 1200 K und Atmosphärendruck für eine Gasmischung von 0,3% 1,3-C_4H_6 in N_2 durchgeführt und mittels gaschromatographischen Analysen die Verteilung stabiler Reaktionsprodukte gemessen. Die gemessenen Daten wurden zur Validierung eines komplexen Reaktionsmechanismus verwendet. Gemäß [35] stellt der C-C-Bindungsbruch ($R_{5.4}$) im Vergleich zum molekularen Kanal $R_{5.8}$ eine absolut untergeordnete Reaktion dar. Mittels RRKM-Rechnungen / Mastergleichungsanalysen wurden u.a. für $R_{5.4}$, $R_{5.9}$ und $R_{5.10}$ Arrheniusausdrücke abgeleitet.

Der entscheidende Punkt ist, dass sich die experimentellen Untersuchungen grob in zwei Gruppen aufteilen lassen: In der einen Gruppe von Experimenten [32, 33, 11] scheint die C-C-Dissoziation ($R_{5.4}$) unter Bildung von zwei C_2H_3-Radikalen eine wichtige einleitende Reaktion darzustellen, während in der anderen Gruppe von Experimenten [34, 35] dieser Reaktionsschritt in Vergleich zu anderen einleitenden Reaktionen nur von absolut untergeordneter Bedeutung zu sein scheint. Abbildung 5.1 erhält eine Zusammenfassung von Geschwindigkeitskoeffizienten zur Reaktion $R_{5.4}$ aus der Literatur.

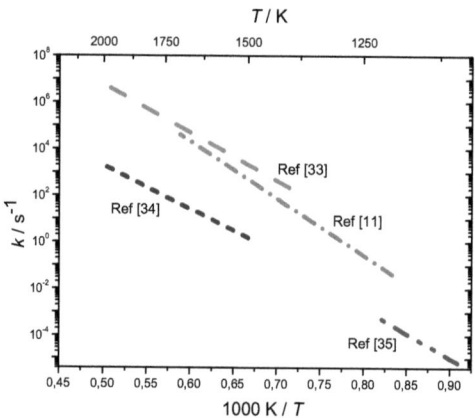

Abbildung 5.1: Vergleich von Geschwindigkeitskoeffizienten aus der Literatur zur Reaktion 1,3-C_4H_6 → 2 C_2H_3 ($R_{5.4}$). Kurz-gestrichelte Linie: Skinner et al. [34]; gestrichelte Linie: Kiefer et al. [33]; strich-punktierte Linie: abgeleitet mittels Thermodynamik aus Arbeit von Hidaka et al. [11] (siehe Text); strich-zweifach punktierte Linie (rechts unten): abgeleitet mittels Thermodynamik aus Arbeit von Laskin et al. [35] (siehe Text).

In den Veröffentlichungen von Hidaka und Laskin ist $R_{5.4}$ jeweils als Rückreaktion formuliert worden: 2 C_2H_3 ⇌ 1,3-C_4H_6. Da die thermodynamischen Daten dieser Spezies (ΔH^0_f und ΔS^0) bekannt sind können über die in Abschnitt 3.2 erläuterten Zusammenhänge die Gleichgewichtskonstante K_c und damit auch die Geschwindigkeitskonstante für die Hinreaktion k_{for} berechnet werden. Aus den über die thermodynamischen Zusammenhänge abgeleiteten Werten für k_{for} kann durch eine Arrheniusauftragung wiederum ein Arrheniusausdruck für die entsprechende Hinreaktion abgeleitet werden.

Abbildung 5.1 zeigt, dass es bezüglich der Angaben zur Reaktion $R_{5.4}$ erhebliche Differenzen gibt. Wenn also diese Reaktion wirklich den zentralen einleitenden Reaktionsschritt darstellen sollte, müsste man in den H-ARAS-Experimenten demzufolge erhebliche Teilchenzahldichten an gebildeten H-Atomen messen können, was bei den Ergebnissen von Skinner et al. nicht der Fall war. Auf der anderen Seite sind die von Skinner gemessenen Teilchenzahldichten an H-Atomen dermaßen niedrig, dass sich prinzipiell eine weiteres Problem ergibt: Sollten die Isomerisierungsreaktionen des 1,3-C_4H_6 beim thermischen Zerfall, so wie von Hidaka angegeben, eine außerordentlich wichtige Rolle spielen, dann wäre ebenfalls zu erwarten, dass mehr H-Atome freigesetzt werden als von Skinner et al. gemessen wurden. 1,3-C_4H_6 kann z.B. zu 2-C_4H_6 isomerisieren ($R_{5.13}$). Dieses kann wiederum unter H-Abspaltung zu 2-C_4H_5 (2-Butin-4-yl) und unter schneller Abspaltung eines weiteren H-Atoms schließlich zu Vinylacetylen (C_4H_4) reagieren. Somit erscheint es sinnvoll den thermischen Zerfall von 1,3-C_4H_6 mittels H-ARAS-Stoßwellenexperimenten erneut zu überprüfen und der Frage nachzugehen, ob sich die so erhaltenen Daten mit einem detaillierten elementarkinetischen Modell erklären lassen.

5.1.2 Ergebnisse und Diskussion: 1,3-Butadien

Bezüglich der Pyrolyse von 1,3-C_4H_6 wurden 20 Experimente durchgeführt. Die Temperaturen hinter der reflektierten Stoßwelle variierten von rund 1540 - 1890 K. Die Drücke lagen bei rund 1,8 bar. Die Konzentrationen variierten dabei von 2,3 – 6,0 ppm. Als Badgas wurde Argon verwendet. Tabelle 5.1 erhält eine Zusammenstellung der experimentellen Daten für die Untersuchungen zur Pyrolyse von 1,3-C_4H_6.

Tabelle 5.1: Zusammenstellung der Reaktionsbedingungen für die Experimente zur Pyrolyse von 1,3-C_4H_6.

T_5 / K	p_5 / bar	[1,3-C_4H_6] / ppm	[1,3-C_4H_6] / cm^{-3}
1537	1,87	4,9	4,32·10^{13}
1547	1,94	6,0	5,45·10^{13}
1603	1,91	4,9	4,23·10^{13}
1641	1,85	6,0	4,90·10^{13}
1644	1,70	4,7	3,52·10^{13}
1661	1,78	4,9	3,80·10^{13}
1669	1,85	4,9	3,93·10^{13}
1686	1,93	3,0	2,49·10^{13}
1698	1,95	2,3	1,91·10^{13}
1707	1,91	4,7	3,81·10^{13}
1724	1,78	2,3	1,72·10^{13}
1727	1,81	5,4	4,10·10^{13}
1736	1,82	2,7	2,10·10^{13}

5. Untersuchte Reaktionen

1759	1,95	2,3	$1,85 \cdot 10^{13}$
1787	1,78	2,3	$1,66 \cdot 10^{13}$
1794	1,92	2,7	$2,09 \cdot 10^{13}$
1798	1,85	4,9	$3,65 \cdot 10^{13}$
1805	1,92	3,0	$2,31 \cdot 10^{13}$
1885	1,81	4,7	$3,29 \cdot 10^{13}$
1895	1,83	4,7	$3,29 \cdot 10^{13}$

Von den 1,3-C_4H_6-Experimenten sind in Abbildung 5.2 typische relative Wasserstoffatom-Konzentrations-Zeit-Profile für drei verschiedene Reaktionstemperaturen dargestellt. Die durchgezogenen Kurven stellen berechnete H-Profile dar, die mit dem in Tabelle 5.2 gezeigten Reaktionsmodell erhalten werden. In diesem Reaktionsmechanismus werden sämtliche Reaktionen als Gleichgewichtsreaktionen betrachtet, d.h. es werden stets auch die Rückreaktionen mit berücksichtigt. Durch die Kenntnis der thermodynamischen Daten der in dem Mechanismus enthaltenen Spezies sind auch die $k(T)$-Werte der Rückreaktionen gegeben (siehe Abschnitt Grundlagen: 3.2). Die thermodynamischen Daten wurden einer Thermodatenbank entnommen, die auf der Web-Seite der Arbeitsgruppe von H. Wang heruntergeladen werden kann [36]. Für einige relevante Spezies sind die Thermodaten in Tabelle 5.3 angegeben.

Bezüglich der in Abbildung 5.2 gezeigten H-Atom-Profile kann man erkennen, dass sowohl der Anstieg als auch das Konzentrationsverhältnis von H-Atomen zu 1,3-C_4H_6 stark von der Temperatur abhängen. Je niedriger die Reaktionstemperatur ist, desto geringer wird das Konzentrationsverhältnis [H]/[1,3-C_4H_6]$_0$ und desto langsamer und weniger H-Atome erzeugt der Zerfall von 1,3-C_4H_6. Man kann darüber hinaus bei den beiden Experimenten mit $T_5 > 1600$ K innerhalb der ersten 100 μs Messdauer einen relativ schnellen Anstieg des H-Signals erkennen, dem dann ein moderaterer aber gleichmäßiger Signalanstieg folgt. Dies könnte darauf hindeuten, dass durch langsamer ablaufende Sekundärreaktionen bis zu einem bestimmten Zeitpunkt kontinuierlich H-Atome nachgebildet werden.

5. Untersuchte Reaktionen

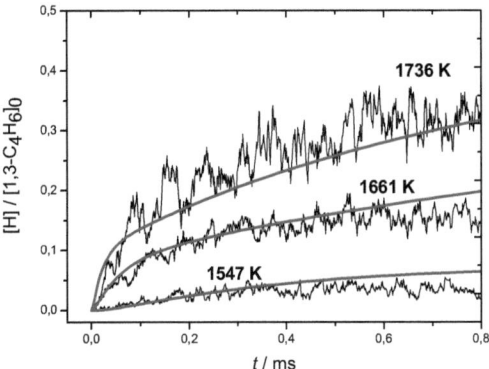

Abbildung 5.2: Konzentrations-Zeitprofile bezogen auf die Ausgangskonzentration des Reaktanden ($[1,3\text{-}C_4H_6]_0$) bei verschiedenen Reaktionstemperaturen. Die Ausgangskonzentrationen betrugen $5{,}45 \cdot 10^{13}$ cm^{-3} (6,0 ppm; $T_5 = 1547$ K), $3{,}80 \cdot 10^{13}$ cm^{-3} (4,9 ppm; $T_5 = 1661$ K) und $2{,}10 \cdot 10^{13}$ cm^{-3} (2,7 ppm; $T_5 = 1736$ K). Durchgezogene Kurven: H-Profile, die anhand des in Tabelle 5.2 gezeigten Reaktionsmechanismus berechnet wurden.

In der Einleitung wurde auf die Arbeit von Skinner et al. eingegangen und dargelegt, dass die dort gemessenen H-Profile sehr niedrige Teilchenzahldichten aufweisen. Skinner et al. reproduzierten ihre experimentellen Daten mit einem vereinfachten globalkinetischen Reaktionsmodell. Mit diesem Reaktionsmechanismus lassen sich jedoch die hier erhaltenen H-Profile nicht interpretieren.

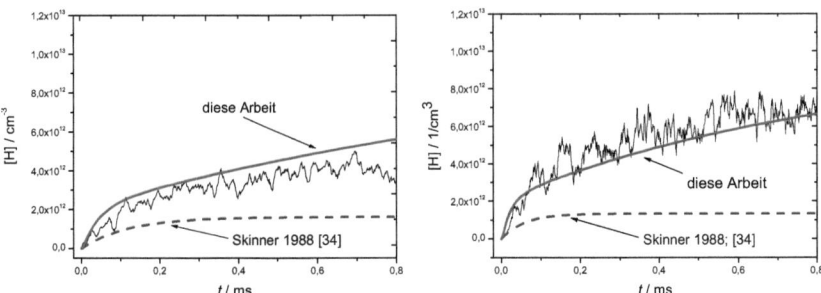

Abbildung 5.3: Gemessene und berechnete Konzentrations-Zeitprofile für zwei verschiedene Bedingungen: *links*: $T_5 = 1686$ K, $p_5 = 1{,}93$ bar, $[1,3\text{-}C_4H_6] = 6{,}0$ ppm; *rechts*: $T_5 = 1736$ K; $p_5 = 1{,}82$ bar, $[1,3\text{-}C_4H_6] = 2{,}7$ ppm; durchgezogene Kurven: H-Profile berechnet mit Reaktionsmodell in Tabelle 5.2; gestrichelte Kurven: Profile berechnet mit Reaktionsmodell von Skinner [34].

Der von Skinner angegebene Reaktionsmechanismus sagt eine zu geringe Bildung von H-Atomen voraus und führt mit steigender Temperatur zu einer immer größeren Abweichung zwischen Experiment und Modellierung. Der von Kiefer et al. [32, 33] erstellte Reaktionsmechanismus hingegen

5. Untersuchte Reaktionen

liefert unter den in Abbildung 5.3 angegebenen experimentellen Bedingungen schon nach einer Reaktionszeit von 200 µs Teilchenzahldichten von > $2,0 \cdot 10^{13}$ H-Atomen/cm^3 und weicht somit von den hier vorliegenden experimentellen Daten noch stärker ab. Insofern zeigt sich hier die Notwendigkeit für die Pyrolyse von 1,3-C_4H_6 einen modifizierten Reaktionsmechanismus zu formulieren. Um die hier durchgeführten Experimente interpretieren zu können, wurde ein elementarkinetisches Reaktionsmodell erstellt, welches in Tabelle 5.2 gezeigt ist.

Tabelle 5.2: Mechanismus des thermischen Zerfalls von 1,3-C_4H_6; Parametrisierung: $k(T) = A \, (T/K)^n \exp(-E_a/RT)$; Einheiten: cm^3, s^{-1}, mol^{-1}, K

Nr.	Reaktion	A	n	E_a / R	Quelle
$R_{5.8}$	1,3-C_4H_6 ⇌ C_2H_2 + C_2H_4	$7,0 \cdot 10^{12}$	0,0	33768	Diese Arbeit
$R_{5.24}$	2-C_4H_6 ⇌ 1,2-C_4H_6	$4,5 \cdot 10^{13}$	0,0	33718	Diese Arbeit
$R_{(-5.14)}$	2-C_4H_6 ⇌ 1,3-C_4H_6	$4,5 \cdot 10^{13}$	0,0	32711	Diese Arbeit
$R_{(-5.4)}$	$C_2H_3 + C_2H_3$ ⇌ 1,3-C_4H_6	$1,5 \cdot 10^{42}$	-8,8	6282	[37]
$R_{(-5.13)}$	1,2-C_4H_6 ⇌ 1,3-C_4H_6	$2,5 \cdot 10^{13}$	0,0	31705	[11]
$R_{5.5}$	C_2H_3 (+M) ⇌ C_2H_2 + H (+M)	$3,9 \cdot 10^8$ $2,6 \cdot 10^{27}$ TROE α = 1,982 T*** = 5383,7 T* = 4,3 T** = -0,08	1,62 -3,40	18644 k_∞ 18016 k_0	[38]
$R_{5.23}$	1,3-C_4H_6 ⇌ C_4H_4 + H_2	$2,5 \cdot 10^{15}$	0,0	47658	[11]
$R_{5.22}$	1,3-C_4H_6 ⇌ i-C_4H_5 + H	$5,7 \cdot 10^{36}$	-6,3	56541	[37]
$R_{5.21}$	1,3-C_4H_6 ⇌ n-C_4H_5 + H	$5,3 \cdot 10^{44}$	-8,6	62205	[37]
$R_{(-5.20)}$	C_3H_3 + CH_3 (+M) ⇌ 1,2-C_4H_6 (+M)	$1,5 \cdot 10^{12}$ $2,6 \cdot 10^{57}$ TROE α = 0,175 T*** = 1340,6 T* = 60000,0 T** = 9769,8	0,0 -11,9	0 k_∞ 4917 k_0	[37]
$R_{5.19}$	C_3H_3 ⇌ C_3H_2 + H	$7,65 \cdot 10^{12}$	0,0	39437	[27]
$R_{5.25}$	C_3H_3 + C_3H_3 ⇌ Phenyl + H	$3,0 \cdot 10^{11}$	0,0	0,0	[27]
$R_{5.26}$	C_3H_3 + C_3H_3 ⇌ Benzol	$6,5 \cdot 10^{12}$	0,0	0,0	[27]
$R_{5.27}$	1-C_4H_6 ⇌ 1,2-C_4H_6	$2,5 \cdot 10^{13}$	0,0	32711	[39]
$R_{5.28}$	1-C_4H_6 ⇌ C_3H_3 + CH_3	$3,0 \cdot 10^{15}$	0,0	38146	[39]
$R_{5.29}$	1,2-C_4H_6 ⇌ i-C_4H_5 + H	$4,2 \cdot 10^{15}$	0,0	46601	[40]
$R_{5.15}$	2-C_4H_6 ⇌ 2-C_4H_5 + H	$3,8 \cdot 10^{15}$	0,0	44890	Diese Arbeit
$R_{5.17}$	2-C_4H_5 ⇌ i-C_4H_5	$5,0 \cdot 10^{12}$	0,0	25414	[41]
$R_{5.16}$	2-C_4H_5 ⇌ tC_4H_4 + H	$6,0 \cdot 10^{13}$	0,0	26672	[41]
$R_{5.30}$	tC_4H_4 + H ⇌ H_2 + i-C_4H_3	$3,0 \cdot 10^7$	2,0	3019	[41]
$R_{5.31}$	C_2H_4 + Ar ⇌ C_2H_3 + H + Ar	$2,6 \cdot 10^{17}$	0,0	48569	[42]
$R_{5.32}$	CH_3 + Ar ⇌ CH + H_2 + Ar	$3,1 \cdot 10^{15}$	0,0	40681	[43]
$R_{5.33}$	CH_3 + Ar ⇌ CH_2 + H + Ar	$2,2 \cdot 10^{15}$	0,0	41580	[43]
$R_{5.34}$	CH_3 + CH_3 ⇌ C_2H_5 + H	$3,0 \cdot 10^{13}$	0,0	6797	[44]
$R_{5.35}$	C_2H_5 ⇌ C_2H_4 + H	$8,2 \cdot 10^{12}$	0,0	20077	[42]
$R_{5.36}$	C_4H_4 ⇌ C_2H_2 + C_2H_2	$3,4 \cdot 10^{13}$	0,0	38801	[45]
$R_{5.37}$	C_4H_4 ⇌ C_4H_2 + H_2	$1,3 \cdot 10^{15}$	0,0	47647	[45]

$R_{5.38}$	$C_4H_4 + Ar \rightleftharpoons n\text{-}C_4H_3 + H + Ar$	$1{,}1 \cdot 10^{20}$	0,0	49876	[45]
$R_{5.39}$	$C_4H_2 + H \rightleftharpoons n\text{-}C_4H_3$	$1{,}1 \cdot 10^{42}$	-8,7	7700	[37]
$R_{5.40}$	$C_4H_4 + H \rightleftharpoons n\text{-}C_4H_5$	$1{,}3 \cdot 10^{51}$	-11,9	8304	[37]
$R_{(-5.18)}$	$C_4H_4 + H \rightleftharpoons i\text{-}C_4H_5$	$4{,}9 \cdot 10^{51}$	-11,9	8907	[37]
$R_{5.41}$	$n\text{-}C_4H_3 + H \rightleftharpoons C_4H_4$	$2{,}0 \cdot 10^{47}$	-10,3	6577	[46]
$R_{5.42}$	$i\text{-}C_4H_3 + H \rightleftharpoons C_4H_4$	$3{,}4 \cdot 10^{43}$	-9,0	6099	[46]

Dieser Reaktionsmechanismus umfasst 32 Reaktionen und enthält 25 Spezies. Diese Komplexität ist nicht zuletzt auch auf die Isomerisierungen und die dadurch zu berücksichtigenden zusätzlichen Folgereaktionen zurückzuführen. Dieser Aspekt wird im Verlauf dieses Abschnittes herausgearbeitet werden.

Tabelle 5.3: Thermodynamische Daten für einige in dem Reaktionsmodell enthaltene Spezies. Die Daten wurden Ref. [36] entnommen; $\Delta H^0_{f,\,298\,K}$ ist in kcal mol^{-1}, $S^0_{298\,K}$ und $C_p^0(T)$ jeweils in cal mol^{-1} K^{-1} angegeben.

Spezies	$\Delta H^0_{f,\,298\,K}$	$S^0_{298\,K}$	C_p^0 (300 K)	C_p^0 (400 K)	C_p^0 (500 K)	C_p^0 (800 K)	C_p^0 (1000 K)	C_p^0 (1500 K)
1,3-C_4H_6	26,3	66,5	18,3	23,2	27,3	36,4	40,5	46,8
1,2-C_4H_6	39,3	69,8	19,3	23,7	27,5	36,0	40,0	45,6
2-C_4H_6	34,7	66,1	18,4	22,4	26,1	34,8	38,9	45,5
C_4H_4	68,0	66,7	17,5	21,5	24,5	30,9	33,7	38,0
C_2H_2	54,5	48,1	10,5	12,0	13,1	15,2	16,2	18,2
C_2H_4	12,6	52,5	10,3	12,6	14,9	20,1	22,5	26,3
n-C_4H_5	85,4	69,6	18,8	23,0	26,5	33,8	37,1	42,3
i-C_4H_5	77,4	68,6	18,1	22,4	26,0	33,6	37,0	42,2
C_3H_3	82,7	61,4	15,6	17,8	19,6	23,1	24,8	27,5
CH_3	35,1	46,4	9,2	10,0	10,8	12,9	14,1	16,3
C_2H_3	71,6	56,0	10,2	12,0	13,7	17,3	19,1	21,8
C_3H_2	106,5	27,4	13,2	15,3	17,0	20,3	21,6	24,1
H	52,1	56,3	5,0	5,0	5,0	5,0	5,0	5,0

Mittels Störungssensitivitätsanalysen lässt sich ermitteln, welche Reaktionen auf die Bildung von H-Atomen einen signifikanten Einfluss haben. In Abbildung 5.4 sind Störungssensitivitätsanalysen für zwei unterschiedliche experimentelle Bedingungen dargestellt. Für diese auf das 1,3-C_4H_6-System bezogenen Analysen wurden die $k(T)$-Werte der im Reaktionsmechanismus enthaltenen Reaktionen jeweils mit dem Faktor 2 multipliziert. Die aus der Änderung von $k(T)$ für jede Reaktion resultierenden Abweichungen $\delta = ([H]/[H]_{ref})-1)$ der H-Atom-Profile gegenüber dem Referenzprofil ([H]$_{ref}$) (siehe Abschnitt 3.3) werden als Funktion der Reaktionszeit aufgetragen.

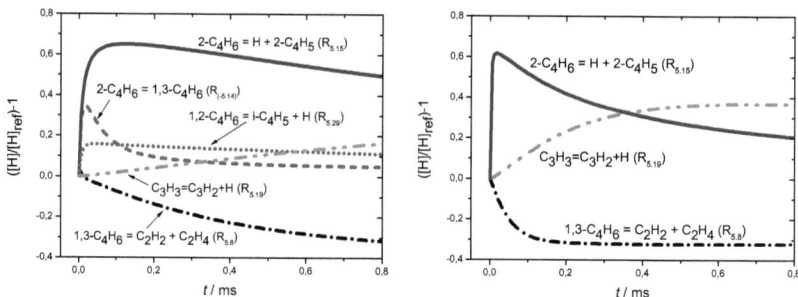

Abbildung 5.4: Störungssensitivitätsanalyse für 1,3-C_4H_6: *links*: T_5 = 1537 K, p_5 = 1,87 bar, [1,3-C_4H_6] = 3,80·10^{13} cm^{-3} (4,9 ppm); *rechts*: T_5 = 1686 K, p_5 = 1,93 bar, [1,3-C_4H_6] = 2,31·10^{13} cm^{-3} (3,0 ppm).

Für die Störungssensitivitätsanalysen können die $k(T)$-Werte der im Reaktionsmechanismus enthaltenen Reaktionen auch jeweils mit dem Faktor 0,5 multipliziert werden. Die sich ergebenden Verläufe der Abweichungen δ gegen die Reaktionsdauer t sind dann spiegelverkehrt zu den in Abbildung 5.4 gezeigten Auftragungen von $δ(t)$. Für die Interpretation der Störungssensitivitätsanalysen ist es daher unerheblich ob die $k(T)$-Werte mit einem Faktor von 2,0 oder 0,5 multipliziert werden. Aus Abbildung 5.4 geht hervor, dass bezüglich der Pyrolyse von 1,3-C_4H_6 die Geschwindigkeitskoeffizienten von Reaktion $R_{5.8}$ einen beachtlichen Einfluss auf die zeitabhängige Bildung von H-Atomen haben. Die Produkte dieses molekularen Kanals sind C_2H_4 und C_2H_2 und beide Spezies sind bis zu Temperaturen von etwa 2000 K recht stabil. Somit trägt dieser Kanal nicht zur Bildung von H-Atomen bei. Dennoch hat $R_{5.8}$ indirekt einen wichtigen Einfluss auf die H-Bildung: Je schneller diese Reaktion abläuft, desto weniger werden die anderen H-Atom liefernden Reaktionskanäle bedient und in desto geringerem Ausmaß sollte die Bildung von H-Atomen ablaufen. Der Einfluss von $R_{5.8}$ ist in Abbildung 5.5 veranschaulicht.

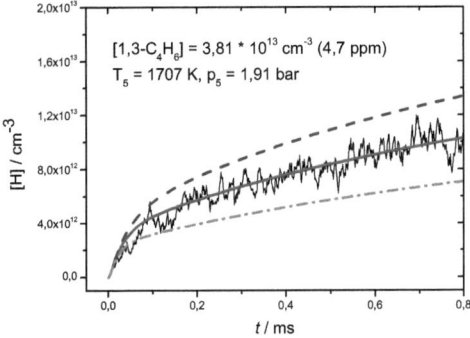

Abbildung 5.5: Einfluss des molekularen Kanals $R_{5.8}$ auf das H-Profil: durchgezogene Kurve: best fit (berechnet anhand des Reaktionsmodells von Tabelle 5.2); gestrichelte Kurve: $k_{5.8} * 0,5$; strichpunktierte Kurve: $k_{5.8} * 2,0$.

Basierend auf dem in Tabelle 5.2 gezeigten Reaktionsmodell kann man durch Anpassen der Geschwindigkeitskoeffizienten von Reaktion $R_{5.8}$ für jede einzelne Messung einen best fit generieren, also die größtmögliche Übereinstimmung zwischen experimentellen und berechneten H-Profilen. Die auf diese Art aus den einzelnen Experimenten erhaltenen Geschwindigkeitskoeffizienten lassen sich dann logarithmisch gegen die inverse Reaktionstemperatur auftragen. Durch eine lineare Regression kann somit ein Arrheniusausdruck abgeleitet werden.

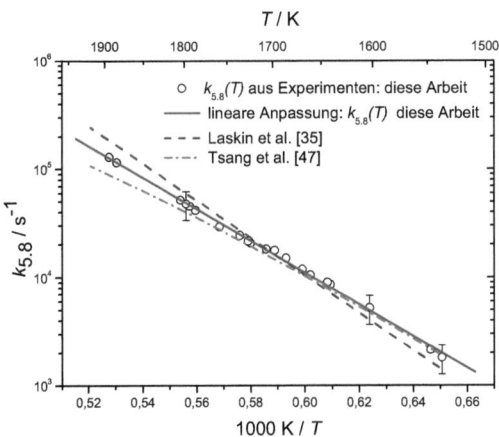

Abbildung 5.6: Arrhenius-Diagramm der Geschwindigkeitskoeffizienten der Reaktion $R_{5.8}$. Vergleich zwischen den Geschwindigkeitskoeffizienten aus dieser Arbeit mit denen von Laskin et al. [35] und Tsang [47].

5. Untersuchte Reaktionen

Aus den Modellierungen wurde für Reaktion $R_{5.8}$ der folgende Arrheniusausdruck erhalten:

$$k_{5.8}(T) = 7{,}0 \cdot 10^{12} \exp(-33768 \text{ K}/T) \text{ s}^{-1}. \qquad (5.1)$$

In Abbildung 5.6 ist ein Vergleich mit Geschwindigkeitskoeffizienten von $R_{5.8}$ aus anderen Veröffentlichungen gezeigt. Von Laskin et al. wurden die Geschwindigkeitskoeffizienten aus Modellierungen von Strömungsreaktordaten erhalten. Die Experimente wurden bei Temperaturen von 1100 – 1200 K durchgeführt. Tsang [47] hingegen leitete aus einer Mastergleichungsanalyse und RRKM-Rechnungen u.a. auch Geschwindigkeitskoeffizienten für $R_{5.8}$ ab. Abbildung 5.7 zeigt eine weitere Arrheniusauftragung, in der die Werte von $k_{5.8}(T)$ über einen größeren Temperaturbereich verglichen werden. Der von Laskin angegebene Arrheniusausdruck (durchgezogene Linie in Abb. 5.7) wurde auf den in dieser Arbeit untersuchten Temperaturbereich von 1550 – 1900 K extrapoliert (gepunktete Linie in Abb. 5.7). Durch den in Abbildung 5.7 gezeigten Vergleich über einen ausgedehnteren Temperaturbereich lässt sich verdeutlichen, wie gut die Werte von $k_{5.8}(T)$ aus dieser Arbeit mit denen von Laskin et al. in dem Bereich von 1550 – 1900 K übereinstimmen. Das ist insofern bemerkenswert, da die Experimente von Laskin bei ganz anderen Temperaturen und vor allem auch bei deutlich höheren Konzentrationen (0,3% 1,3-C_4H_6 in N_2) durchgeführt wurden, wodurch Folgereaktionen ein größerer Einfluss zukommt und die Auswertung dieser Experimente erheblich komplizierter wird.

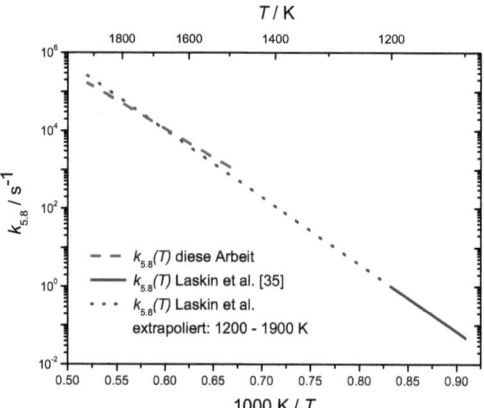

Abbildung 5.7: Vergleich zwischen den Geschwindigkeitskoeffizienten aus dieser Arbeit mit denen von Laskin et al. [35] über einen umfassenderen Temperaturbereich ($T = 1100 - 1900$ K).

Die in Abbildung 5.4 gezeigte Störungssensitivitätsanalyse zeigt jedoch, dass bezogen auf die Bildung von H-Atomen eine andere Reaktion von ganz erheblichem Einfluss ist:

$$2\text{-}C_4H_6 \rightarrow 2\text{-}C_4H_5 + H. \qquad (R_{5.15})$$

5. Untersuchte Reaktionen

Gemäß Reaktion $R_{5.14}$ kann 1,3-C_4H_6 zu 2-C_4H_6 isomerisieren. Unter Abspaltung eines H-Atoms wird das 2-Butinyl-Radikal gebildet ($R_{5.15}$), das dann seinerseits in einer schnelleren Folgereaktionen unter Abspaltung eines weiteren H-Atoms zu 1,2,3-Butatrien (tC_4H_4) zerfällt:

$$2\text{-}C_4H_5 \rightarrow tC_4H_4 + H. \qquad (R_{5.16})$$

Denkbar ist auch, dass 2-Butinyl über eine 1,2-H-Umlagerung zum 1,3-Butadien-3-yl (i-C_4H_5) reagieren kann und dann über eine anschließende H-Abspaltung zum Vinylacetylen (C_4H_4) umgesetzt wird.

$$2\text{-}C_4H_5 \rightleftharpoons i\text{-}C_4H_5, \qquad (R_{5.17})$$

$$i\text{-}C_4H_5 \rightarrow C_4H_4 + H. \qquad (R_{5.18})$$

Darüber hinaus zeigt die Störungssensitivitätsanalyse, dass bei erhöhten Reaktionstemperaturen ($T_5 > 1650$ K) mit dem thermischen Zerfall von Propargylradikalen (C_3H_3) eine weitere Folgereaktion von großer Bedeutung für die Bildung von H-Atomen ist:

$$C_3H_3 \rightarrow C_3H_2 + H. \qquad (R_{5.19})$$

Entsprechend dem Reaktionsmodell kann 1,3-C_4H_6 auch zu 1,2-C_4H_6 isomerisieren ($R_{5.13}$). 1,2-C_4H_6 wiederum kann zu C_3H_3- und Methylradikalen dissoziieren:

$$1,2\text{-}C_4H_6 \rightarrow C_3H_3 + CH_3. \qquad (R_{5.20})$$

Die Störungssensitivitätsanalyse weist somit indirekt auf die Bedeutung der Isomerisierungen hin. Ohne die Isomerisierungsreaktionen des 1,3-C_4H_6 würden die entscheidenden H-Atom liefernden Folgereaktionen $R_{5.15}$ und $R_{5.19}$ nicht stattfinden können. Abbildung 5.8 verdeutlicht den Einfluss dieser Folgereaktionen.

5. Untersuchte Reaktionen

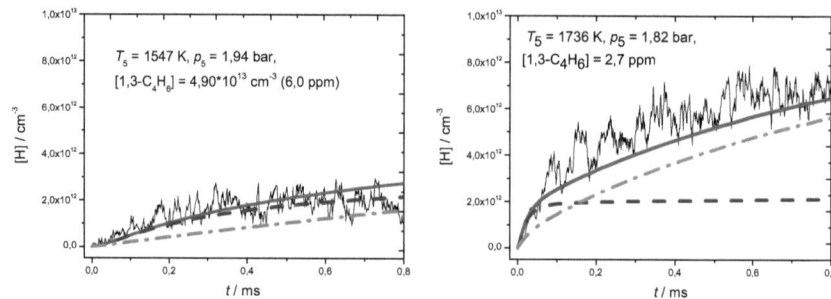

Abbildung 5.8: Einfluss von $R_{5.15}$ (2-C_4H_6 → 2-C_4H_5 + H) und $R_{5.19}$ (C_3H_3 → C_3H_2 + H); strichpunktierte Kurve: ohne $R_{5.15}$; getrichelte Kurve: ohne $R_{5.19}$.

Ohne Berücksichtigung der Folgereaktionen $R_{5.15}$ und $R_{5.19}$ und dementsprechend auch ohne Berücksichtigung der Isomerisierungsreaktionen $R_{5.13}$ und $R_{5.14}$ ist es nicht möglich, die 1,3-C_4H_6-Experimente sinnvoll interpretieren zu können. Wenn man also davon ausgeht, dass die Spezies 1,3-C_4H_6, 2-C_4H_6 und 1,2-C_4H_6 ineinander isomerisieren können, dann sollte man mit dem in Tabelle 5.2 gezeigten Reaktionsmodell auch in der Lage sein, den thermischen Zerfall von 1,2-C_4H_6 und 2-C_4H_6 beschreiben zu können. Wenn man darüber hinaus vom 2-C_4H_6 als Edukt ausgeht, stellt Reaktion $R_{5.15}$ einen einleitenden Reaktionskanal dar, so dass in diesem Fall $R_{5.15}$ bezüglich der Bildung von H-Atomen eine höhere Sensitivität haben sollte als wenn man von 1,3-C_4H_6 oder 1,2-C_4H_6 als Edukten ausgeht. Somit sollte sich aus den Modellierungen der 2-C_4H_6-Experimente auch unmittelbar ein Arrheniusausdruck für die Reaktion $R_{5.15}$ ableiten lassen. Aufgrund dieser Aspekte wurde in dieser Arbeit auch die Pyrolyse von 2-C_4H_6 untersucht.

5.1.3 Ergebnisse und Diskussion: 2-Butin

Bezüglich der Pyrolyse von 2-C_4H_6 wurden insgesamt 27 Experimente durchgeführt. Die Reaktionstemperaturen deckten einen Bereich von 1510 – 1830 K ab. Die Drücke lagen ebenfalls bei etwa 1,8 bar und die 2-C_4H_6-Konzentrationen variierten von 2,0 – 5,9 ppm. Tabelle 5.4 erhält eine Zusammenstellung der experimentellen Daten für die Untersuchungen zur Pyrolyse von 2-C_4H_6.

Tabelle 5.4: Zusammenstellung der Reaktionsbedingungen für die Experimente zur Pyrolyse von 2-C_4H_6.

T_5 / K	p_5 / bar	[2-C_4H_6] / ppm	[2-C_4H_6] / cm^{-3}
1512	1,78	5,9	$5,03 \cdot 10^{13}$
1531	1,86	3,3	$2,90 \cdot 10^{13}$
1536	1,83	3,9	$3,36 \cdot 10^{13}$

1571	1,85	2,0	$1,71 \cdot 10^{13}$
1575	1,81	2,0	$1,67 \cdot 10^{13}$
1579	1,91	3,9	$3,42 \cdot 10^{13}$
1585	1,83	5,9	$4,93 \cdot 10^{13}$
1586	1,84	3,9	$3,27 \cdot 10^{13}$
1599	1,95	3,3	$2,92 \cdot 10^{13}$
1607	1,83	2,0	$1,65 \cdot 10^{13}$
1619	1,85	2,0	$1,65 \cdot 10^{13}$
1620	1,76	2,0	$1,57 \cdot 10^{13}$
1621	1,85	3,9	$3,22 \cdot 10^{13}$
1634	1,93	2,0	$1,71 \cdot 10^{13}$
1635	1,93	2,0	$1,71 \cdot 10^{13}$
1664	1,89	3,9	$3,20 \cdot 10^{13}$
1680	1,61	2,9	$2,01 \cdot 10^{13}$
1690	1,93	2,9	$2,40 \cdot 10^{13}$
1693	1,89	2,0	$1,61 \cdot 10^{13}$
1715	1,87	2,9	$2,29 \cdot 10^{13}$
1738	1,86	2,0	$1,55 \cdot 10^{13}$
1760	1,95	3,9	$3,13 \cdot 10^{13}$
1769	1,86	3,9	$2,97 \cdot 10^{13}$
1770	1,92	2,0	$1,57 \cdot 10^{13}$
1784	1,88	5,9	$4,50 \cdot 10^{13}$
1795	1,90	2,9	$2,22 \cdot 10^{13}$
1830	1,90	2,0	$1,51 \cdot 10^{13}$

Von den 2-C_4H_6-Experimenten sind in Abbildung 5.9 typische relative Wasserstoffatom-Konzentrations-Zeit-Profile für drei verschiedene Reaktionstemperaturen dargestellt. Die durchgezogenen Kurven stellen H-Profile dar, die mit dem in Tabelle 5.2 gezeigten Reaktionsmechanismus berechnet wurden. Auch die 2-C_4H_6-Experimente lassen sich in dem untersuchten Temperaturbereich mit dem gleichen Reaktionsmodell interpretieren, mit dem auch die 1,3-C_4H_6-Experimente reproduziert werden können. Abbildung 5.10 zeigt einen Vergleich der relativen H-Profile von 1,3-C_4H_6- und 2-C_4H_6-Experimenten, bei ähnlichen Reaktionsbedingungen (T_5 und p_5). Man kann erkennen, dass unter vergleichbaren Bedingungen aus dem thermischen Zerfall von 2-C_4H_6 heraus mehr H-Atome gebildet werden als beim 1,3-C_4H_6. Dies entspricht auch dem was man erwartet. Wenn man vom 1,3-C_4H_6 als Edukt ausgeht, muss dieses Molekül erst zum 2-C_4H_6 isomerisieren, bevor $R_{5.15}$ ablaufen kann. Wenn man hingegen vom 2-C_4H_6 ausgeht, ist $R_{5.15}$ ein unmittelbar einleitender Reaktionskanal. Hinzu kommt, dass ausgehend vom 2-C_4H_6 die für die Bildung von H-

5. Untersuchte Reaktionen

Atomen „dunkle" Reaktion $R_{5.8}$, also die Bildung von C_2H_2 und C_2H_4, nur über den Umweg der Isomerisierung vom 2-C_4H_6 zum 1,3-C_4H_6 ablaufen kann.

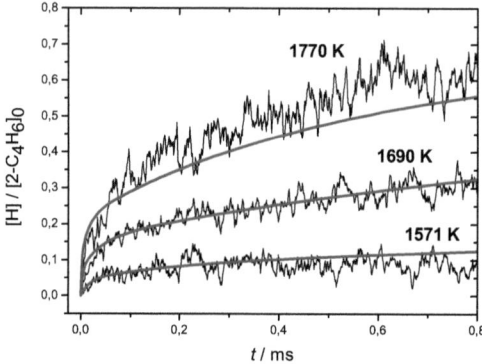

Abbildung 5.9: Konzentrations-Zeitprofile bezogen auf die Ausgangskonzentration des Reaktanden ([2-C_4H_6]$_0$) bei verschiedenen Reaktionstemperaturen. Die Ausgangskonzentrationen betrugen $1{,}71 \cdot 10^{13}$ cm^{-3} (6,0 ppm; T_5 = 1571 K), $2{,}40 \cdot 10^{13}$ cm^{-3} (4,9 ppm; T_5 = 1690 K) und $1{,}57 \cdot 10^{13}$ cm^{-3} (2,7 ppm; T_5 = 1770 K). Durchgezogene Kurven: H-Profile, die anhand des in Tabelle 5.2 gezeigten Reaktionsmechanismus berechnet wurden.

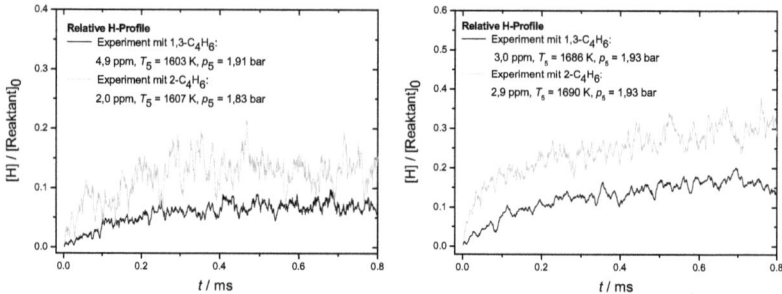

Abbildung 5.10: Vergleich von 1,3-C_4H_6- und 2-C_4H_6-Experimenten anhand von relativen H-Profilen für zwei verschiedene experimentelle Bedingungen.

In Abbildung 5.11 sind Störungssensitivitätsanalysen für zwei 2-C_4H_6-Experimente dargestellt. Für die auf das 2-C_4H_6-System bezogenen Analysen wurden die $k(T)$-Werte der im Reaktionsmechanismus enthaltenen Reaktionen ebenfalls jeweils mit dem Faktor 2 multipliziert und die aus der Änderung von $k(T)$ für jede Reaktion resultierenden Abweichungen der H-Atom-Profile gegenüber dem Referenzprofil ([H]$_{ref}$) als Funktion der Reaktionszeit aufgetragen. Die Reaktion $R_{5.15}$ weist bezüglich der Bildung von H-Atomen über den gesamten untersuchten Temperaturbereich die größte Sensitivität auf. Da $R_{5.15}$ hier ein einleitender Reaktionsschritt ist, besitzt $R_{5.15}$ im Vergleich zu den 1,3-C_4H_6-Experimenten eine entsprechend größere Sensitivität. Analog zu den 1,3-C_4H_6-Experimenten weist auch der Zerfall der Progargylradikale ($R_{5.19}$) bei höheren Reaktionstemperaturen ($T_5 > 1600$ K) eine ausgeprägte Sensitivität auf. In Abbildung 5.12 ist der Einfluss der Reaktionen $R_{5.15}$ und $R_{5.19}$ auf die Bildung von H-Atomen anhand der H-Profile von zwei 2-C_4H_6-Experimenten illustriert und auch hier sind man die Analogie zu den 1,3-C_4H_6-Experimenten.

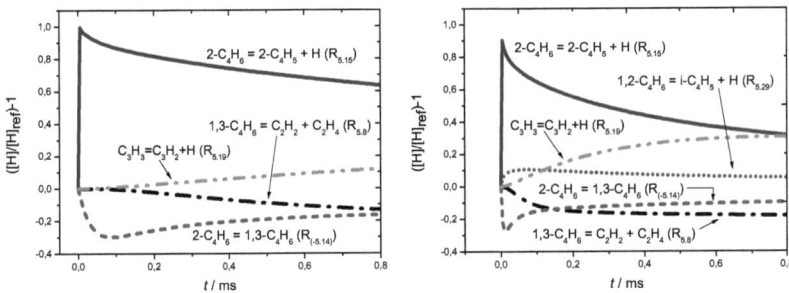

Abbildung 5.11: Abbildung 5.11: Störungssensitivitätsanalyse für 2-C_4H_6: *links*: $T_5 = 1531$ K, $p_5 = 1,86$ bar, [2-C_4H_6] = $2,90 \cdot 10^{13}$ cm^{-3} (3,3 ppm); *rechts*: $T_5 = 1680$ K, $p_5 = 1,61$ bar, [2-C_4H_6] = $2,01 \cdot 10^{13}$ cm^{-3} (2,9 ppm).

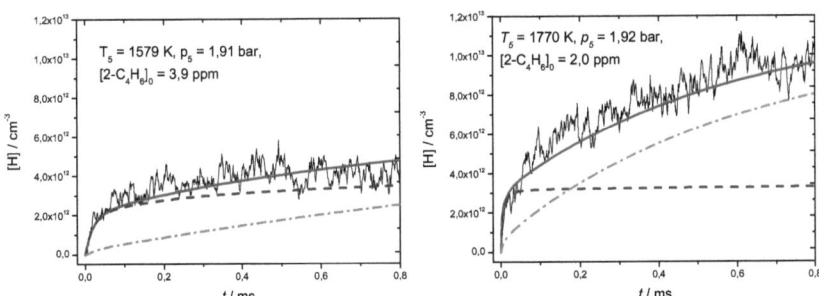

Abbildung 5.12: Einfluss von $R_{5.15}$ (2-$C_4H_6 \rightarrow$ 2-C_4H_5 + H) und $R_{5.19}$ ($C_3H_3 \rightarrow C_3H_2$ + H); strichpunktierte Kurve: ohne $R_{5.15}$; getrichelte Kurve: ohne $R_{5.19}$.

Aus den 1,3-C_4H_6-Experimenten wurde aus den Modellierungen ein Arrheniusausdruck für den molekularen Kanal 1,3-$C_4H_6 \rightarrow C_2H_2 + C_2H_4$ erhalten. Aus den 2-C_4H_6-Experimenten wiederum wurde analog dazu ein Arrheniusausdruck für die Reaktion $R_{5.15}$ abgeleitet. Auch hierbei wurde für jedes einzelne Experiment basierend auf dem Reaktionsmodell von Tabelle 5.3 durch Anpassen der Geschwindigkeitskoeffizienten für Reaktion $R_{5.15}$ ein best fit erzeugt. Wenn man anschließend den Logarithmus der Geschwindigkeitskoeffizienten gegen die inverse Reaktionstemperatur aufträgt erhält man ein Arrheniusdiagramm. Aus diesem kann man mit einer linearen Anpassung für $R_{5.15}$ den folgenden Arrheniusausdruck ableiten:

5. Untersuchte Reaktionen

$$k_{5.15}(T) = 3{,}8 \cdot 10^{15} \exp(-44890 \text{ K}/T) \text{ s}^{-1}. \tag{5.2}$$

Die aus den Modellierungen erhaltenen Geschwindigkeitskoeffizienten für $R_{5.15}$ sind in Abbildung 5.13 dargestellt. Zum Vergleich sind dort auch die von Hidaka et al. [39, 11] experimentell bestimmten Geschwindigkeitskoeffizienten zu $R_{5.15}$ angegeben. Die gezeigten Arrheniuskurven verlaufen nahezu parallel, d.h. hinsichtlich der Aktivierungsenergie von $R_{5.15}$ liegt eine gute Übereinstimmung mit den Modellierungsergebnissen von Hidaka et al. vor. Allerdings unterscheiden sich die absoluten Zahlenwerte der Geschwindigkeitskoeffizienten etwa um einen Faktor 2. In Anbetracht dessen, dass hier die Daten zweier sehr unterschiedlicher Experimente verglichen werden kann man auch hier durchaus von einer guten Übereinstimmung der vorliegenden Ergebnisse sprechen.

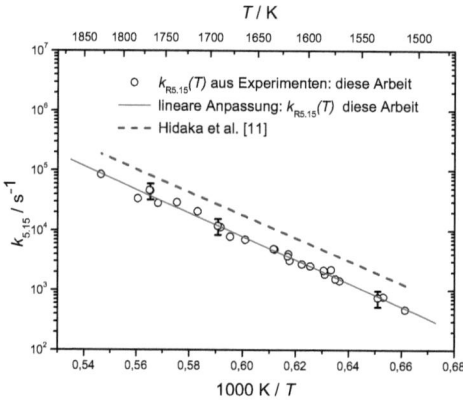

Abbildung 5.13: Arrheniusdiagramm der Geschwindigkeitskoeffizienten der Reaktion $R_{5.15}$. Vergleich zwischen den Geschwindigkeitskoeffizienten aus dieser Arbeit mit denen von Hidaka et al. [11, 39].

Um die aus den 2-C_4H_6-Experimenten gemessenen H-Profile über die gesamte Messdauer wiedergeben zu können, wurden darüber hinaus die Arrheniusausdrücke der beiden Isomerisierungsreaktionen $R_{5.24}$ und $R_{(-5.14)}$ modifiziert. Der präexponentielle Vorfaktor wurde jeweils mit einem Faktor von 1,5 multipliziert. Die H-ARAS-Experimente erlauben es bezüglich des Einflusses auf die Bildung von H-Atomen nicht, explizit zwischen den beiden Isomerisierungsreaktionen zu differenzieren, weshalb die Geschwindigkeitskoeffizienten beider Reaktionen gleichermaßen angepasst wurden. Tabelle 5.5 beinhaltet eine Übersicht über die in dieser Arbeit modifizierten Arrheniusausdrücke und jeweils einen Vergleich mit den dazugehörenden Literaturwerten.

Die hier gezeigten H-ARAS-Experimente machen deutlich, dass sich ohne die Berücksichtigung der Isomerisierungen von 1,3-C_4H_6 und die sich anschließenden Sekundärreaktionen der thermische Zerfall von 1,3-C_4H_6 und seiner Isomere nicht korrekt beschreiben und verstehen lässt. Abbildung 5.14 zeigt das Reaktions-Schema zum thermischen Zerfall von 1,3-C_4H_6. Die helleren und hervorgehobenen Reaktionspfeile sollen verdeutlichen, welche Reaktionen für die Bildung von H-Atomen relevant sind. Es ist zu betonen, dass dieses Schema qualitativen Charakter hat. Es zeigt des Weiteren, dass außer den Isomerisierungen und dem molekularen Reaktionskanal $R_{5,8}$ noch andere mögliche einleitende Reaktionsschritte ablaufen können.

Tabelle 5.5: Vergleich von abgeleiteten und modifizierten Arrheniusausdrücken mit entsprechenden Literaturangaben.

Reaktion $R_{5,15}$: 2-C_4H_6 $\rightleftharpoons$ 2-C_4H_5 + H $\Delta H^0_{r, 298 K} = 91,8\ kcal\ mol^{-1}$			Quelle
A	n	E_a / kcal mol^{-1}	
$3,8 \cdot 10^{15}$	0,0	89,2	Diese Arbeit
$5,0 \cdot 10^{15}$	0,0	87,3	[11]
$3,2 \cdot 10^{15}$	0,0	87,3	[48]
Reaktion $R_{5,8}$: 1,3-C_4H_6 $\rightleftharpoons$ C_2H_2 + C_2H_4 $\Delta H^0_{r, 298 K} = 40,5\ kcal\ mol^{-1}$			
A	n	E_a / kcal mol^{-1}	
$7,0 \cdot 10^{12}$	0,0	67,1	Diese Arbeit
$10^{88,4}$	-20,85	132,9	[47]
$6,4 \cdot 10^{13}$	0,0	79,8	[11]
$2,4 \cdot 10^{14}$	0,0	79,0	[35]
Reaktion $R_{5,24}$: 2-C_4H_6 $\rightleftharpoons$ 1,2-C_4H_6 $\Delta H^0_{r, 298 K} = 4,7\ kcal\ mol^{-1}$			
A	n	E_a / kcal mol^{-1}	
$4,5 \cdot 10^{13}$	0,0	67,0	Diese Arbeit
$3,0 \cdot 10^{13}$	0,0	67,0	[11]
Reaktion $R_{(-5,14)}$: 2-C_4H_6 $\rightleftharpoons$ 1,3-C_4H_6 $\Delta H^0_{r, 298 K} = -8,3\ kcal\ mol^{-1}$			
A	n	E_a / kcal mol^{-1}	
$4,5 \cdot 10^{13}$	0,0	65,0	Diese Arbeit
$3,0 \cdot 10^{13}$	0,0	65,0	[11]

5. Untersuchte Reaktionen

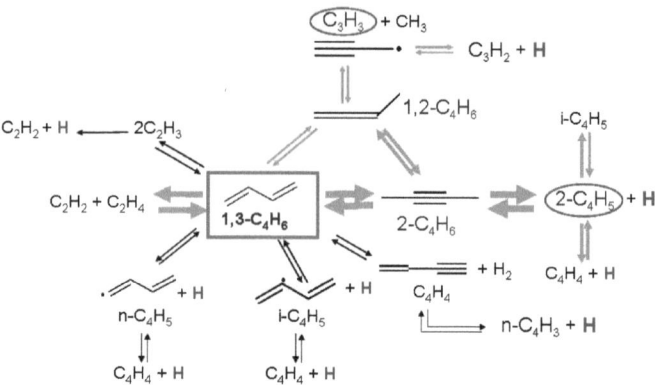

Abbildung 5.14: Reaktions-Schema zum thermischen Zerfall von 1,3-C$_4$H$_6$ und seiner Isomere.

Bei der Interpretation der Experimente wurde herausgearbeitet, dass der molekulare Reaktionskanal R$_{5.8}$ sowie die Isomerisierungen zum 2-C$_4$H$_6$ und 1,2-C$_4$H$_6$ die entscheidenden Reaktionen beim thermischen Zerfall des 1,3-C$_4$H$_6$ darstellen. In der Einleitung (Abschnitt 5.1.1) wurde hervorgehoben, dass sich die experimentellen Untersuchungen zum thermischen Zerfall von 1,3-C$_4$H$_6$ in zwei Gruppen einteilen lassen. In der einen Gruppe stellt die C-C-Bindungsdissoziationsreaktion R$_{5.4}$ (1,3-C$_4$H$_6$ → 2 C$_2$H$_3$) eine wichtige einleitende Reaktion dar, während R$_{5.4}$ in der anderen Gruppe von Experimenten keinen signifikanten Einfluss hat. Auch im Rahmen der hier vorliegenden experimentellen Daten ist die Reaktion R$_{5.4}$ von untergeordneter Bedeutung. Darüber hinaus sind noch als einleitende Reaktionsschritte zwei C-H-Bindungsdissoziationsreaktionen denkbar, bei denen 1,3-butadien-4-yl (n-C$_4$H$_5$) und 1,3-butadien-3-yl (i-C$_4$H$_5$) entstehen:

$$1,3\text{-}C_4H_6 \rightarrow n\text{-}C_4H_5 + H, \qquad (R_{5.21})$$

$$1,3\text{-}C_4H_6 \rightarrow i\text{-}C_4H_5 + H. \qquad (R_{5.22})$$

Auch diese Reaktionen sind für die Interpretation der H-ARAS-Experimente nicht von Relevanz. Bei homolytischen Bindungsdissoziationsreaktionen können die Reaktionsenthalpien einen Hinweis auf die Aktivierungsenergien geben, weil bei diesen Reaktionen die Reaktionsenthalpien relativ oft nahe bei den Aktivierungsenergien liegen. Abbildung 5.15 zeigt einen separaten Überblick über die möglichen einleitenden Reaktionsschritte des thermischen Zerfalls von 1,3-C$_4$H$_6$ sowie die entsprechenden Standard-Reaktionsenthalpien.

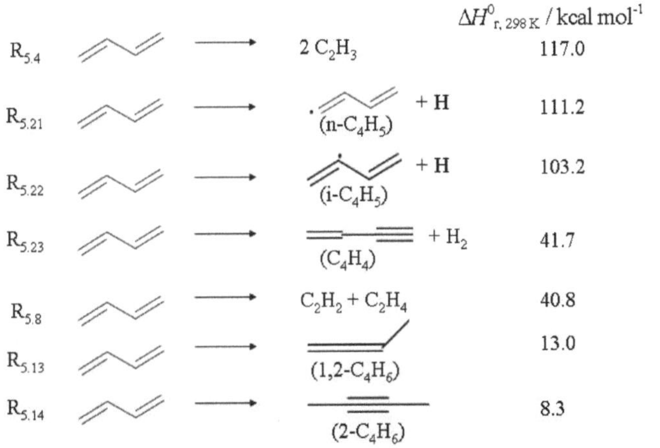

			$\Delta H^0_{r,\,298\,K}$ / kcal mol^{-1}
R$_{5.4}$	⟶	2 C$_2$H$_3$	117.0
R$_{5.21}$	⟶	(n-C$_4$H$_5$) + H	111.2
R$_{5.22}$	⟶	(i-C$_4$H$_5$) + H	103.2
R$_{5.23}$	⟶	(C$_4$H$_4$) + H$_2$	41.7
R$_{5.8}$	⟶	C$_2$H$_2$ + C$_2$H$_4$	40.8
R$_{5.13}$	⟶	(1,2-C$_4$H$_6$)	13.0
R$_{5.14}$	⟶	(2-C$_4$H$_6$)	8.3

Abbildung 5.15: Übersicht über die einleitenden Reaktionen des thermischen Zerfalls von 1,3-C$_4$H$_6$ und Angabe der jeweiligen Reaktionsenthalpien.

Gemäß dem Bell-Evans-Polanyi-Prinzip würde man erwarten, dass für die Bindungsdissoziationsreaktionen die Aktivierungsenergien in etwa den Reaktionsenthalpien folgen. Das Bell-Evans-Polanyi-Prinzip besagt, dass in manchen Fällen für verwandte Reaktionen zwischen den Reaktionsenthalpien ΔH_r und den Aktivierungsenergien E_a ein linearer Zusammenhang besteht:

$$E_a = A + B\,\Delta H_r. \tag{5.3}$$

A und B kennzeichnen hierbei entsprechend die Steigung und dem Achsenabschnitt dieser linearen Funktion. Gemäß Abbildung 5.15 besitzen die Reaktionen R$_{5.4}$, R$_{5.21}$ und R$_{5.22}$ folgende Reaktionsenthalpien: 117,0 kcal mol^{-1}, 111,2 kcal mol^{-1} und 103,2 kcal mol^{-1}. Von Wang und Frenklach [37] wurden mittels einer Mastergleichungsanalyse und RRKM-Rechnungen u.a. auch für diese Reaktionen Arrheniusausdrücke abgeleitet. Die Aktivierungsenergien betragen gemäß diesen Rechnungen 97,3 kcal mol^{-1} (für R$_{5.4}$), 94,8 kcal mol^{-1} (für R$_{5.21}$) und 91,2 kcal mol^{-1} (für R$_{5.22}$) und folgen somit annähernd dem linearen Zusammenhang zwischen ΔH_r und E_a. Von den einleitenden Reaktionen zum thermischen 1,3-C$_4$H$_6$-Zerfall besitzen die genannten Bindungsdissoziationsreaktionen die mit Abstand höchsten Aktivierungsenergien und sind daher im Vergleich zu den anderen einleitenden Reaktionsschritten nur von untergeordneter Bedeutung. Dies spiegelt sich auch in den Geschwindigkeitskoeffizienten wider. Abbildung 5.16 zeigt den Vergleich der Geschwindigkeitskoeffizienten der einleitenden Reaktionen ausgehend vom 1,3-C$_4$H$_6$.

5. Untersuchte Reaktionen

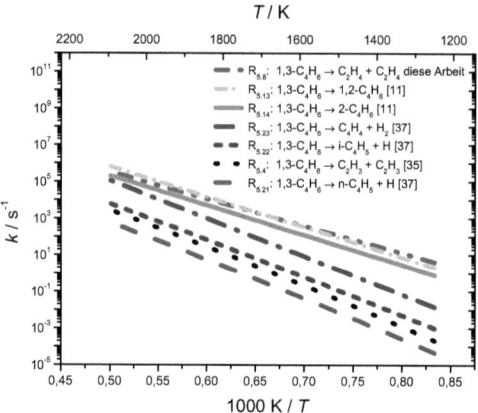

Abbildung 5.16: Vergleich der Geschwindigkeitskoeffizienten der einleitenden Reaktionsschritte beim thermischen Zerfall von 1,3-C_4H_6.

Entsprechend Abbildung 5.16 weisen die Isomerisierungsreaktionen $R_{5.13}$ und $R_{5.14}$ sowie der molekulare Reaktionskanal $R_{5.8}$ die größten Geschwindigkeitskoeffizienten auf und werden daher im Vergleich zu den Konkurrenzreaktionen mit der höheren Reaktionsgeschwindigkeit und daher auch bevorzugt ablaufen.

Die in dem Reaktionsmechanismus enthaltenen Isomerisierungen sind so wie Reaktion $R_{5.8}$ ebenfalls nicht als Elementarreaktionen aufzufassen. Bezüglich des Reaktionsmechanismus existiert eine reaktionskinetische Studie aus dem Jahr 1984 [49]. In dieser Arbeit wurde von Hopf und Walsh die Pyrolyse von Methylcyclopropen (CH_3-cC_3H_3) kinetisch untersucht, indem für verschiedene Reaktionstemperaturen die Produktverteilungen gaschromatographisch gemessen wurden. Die Pyrolyse von Methylcyclopropen ergab zu 93% 2-C_4H_6 als Produkt. Darüber hinaus wurden als weitere Produkte 1,3-C_4H_6 (5,8%) und 1,2-C_4H_6 (1,2%) gemessen. Man geht davon aus, dass die Reaktionsprodukte in einer Abfolge von 1,2-H-Wanderungen entstehen. Wenn man vom 1,3- oder 1,2-C_4H_6 als Edukt ausgeht, so würden die Isomerisierungen entsprechend diesem Reaktionsmechanismus stets über CH_3-cC_3H_3 als Intermediat ablaufen. Wenn man vom 1,3-C_4H_6 als Edukt ausgeht, so führen eine 1,2-H-Wanderung und die Carbeninsertion zur Entstehung von CH_3-cC_3H_3. Durch eine weitere 1,2-H-Wanderung sowie eine 1,2-Methyl-Wanderung entsteht schließlich das 2-C_4H_6. Die einzelnen Reaktionsschritte vom 1,3-C_4H_6 zum 2-C_4H_6 sind in Abbildung 5.16 gezeigt. Durch eine anders verlaufende 1,2-H-Wanderung kann man ausgehend vom CH_3-cC_3H_3-Intermediat zum 1,2-C_4H_6 gelangen. Dieser Prozess ist in Abbildung 5.17b gezeigt. Die mit den Abkürzungen C1 und C2 gekennzeichneten Spezies stellen Carbene dar. Kinetische Studien zur Pyrolyse von deuteriummarkierten Methylcyclopropen-Isotopomeren aus der Arbeitsgruppe von Hopf haben diese Vorstellung vom Reaktionsmechanismus untermauert [50].

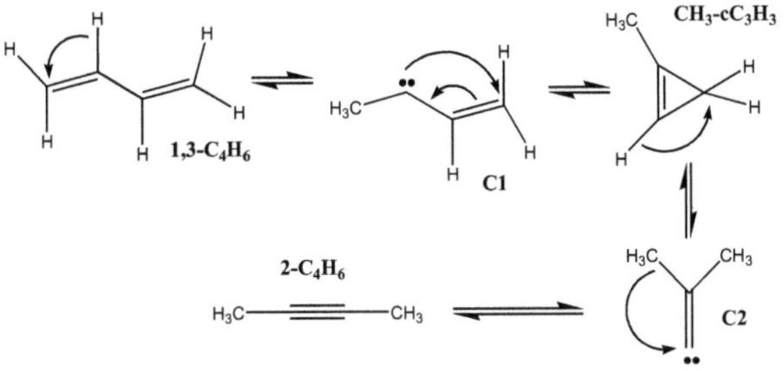

Abbildung 5.17a: Mechanismus der Isomerisierung des 1,3-C_4H_6 zum 2-C_4H_6 über ein Methylcyclopropen-Molekül als reaktive Zwischenstufe.

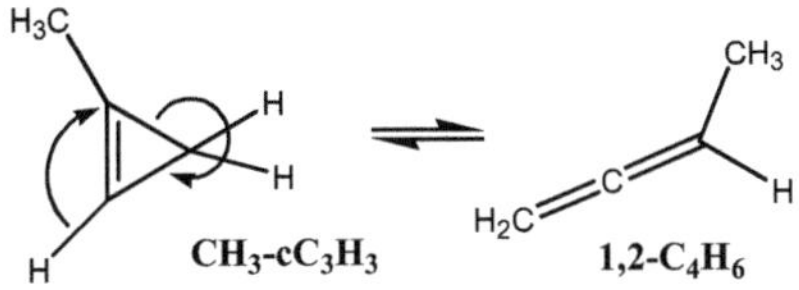

Abbildung 5.17b: Darstellung der 1,2-H-Wanderung, die ausgehend vom Methylcyclopropen zur Entstehung des 1,2-C_4H_6 führt.

In einer weiteren Studie wurde von Chambreau et al. [51] bei Reaktionstemperaturen von bis zu 1520 K der thermische Zerfall von 1,3-C_4H_6, 1,2-C_4H_6 und 2-C_4H_6 mittels Flash-Pyrolyse und Photoionisations-massenspektromie untersucht. Die Reaktandgase wurden über eine mit einer elektrischen Widerstandsheizung beheizten Siliziumcarbind (SiC)-Düse geleitet. Aufgrund dessen, dass die Probe innerhalb der SiC-Düse nahezu Schallgeschwindigkeit aufweist, wurde von den Autoren dieser Studie die Aufenthaltszeit der Probengase in diesem beheizten Volumen auf etwa 20 µs abgeschätzt. Die Reaktionsprodukte wurden mittels Photoionisations-Flugzeitmassenspektrometrie detektiert. Darüber hinaus wurden die Bildungsenthalpien der Reaktanden, Reaktionsprodukte und möglicher Intermediate berechnet. Chambreau et al. formulierten für die Isomerierungen einen Reaktionsmechanismus, bei dem CH_3-cC_3H_3 nicht als Intermediat in Erscheinung tritt. Auch in diesem Mechanismus wird ausgehend vom 1,3-C_4H_6 über eine 1,2-H-Wanderung das Carben C1 gebildet. In Abbildung 5.18 ist der Mechanismus der Isomerisierung vom 1,3-C_4H_6 zum 1,2-C_4H_6 gezeigt. Abbildung 5.19 stellt dar, wie das intermediär gebildete Carben C1 wiederum über eine andere Abfolge von 1,2-H-Wanderung und Elektronenpaar-Verschiebungen zum 2-C_4H_6 isomerisieren kann.

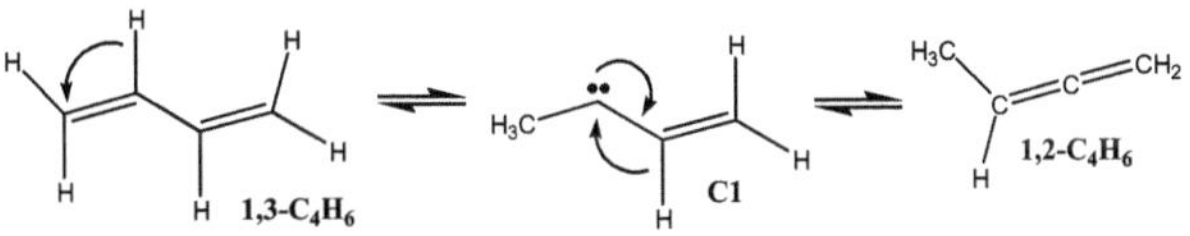

Abbildung 5.18: Von Chambreau et al. [51] vorgeschlagener Reaktionsmechanismus zur Isomerisierung des 1,3-C_4H_6 zum 1,2-C_4H_6.

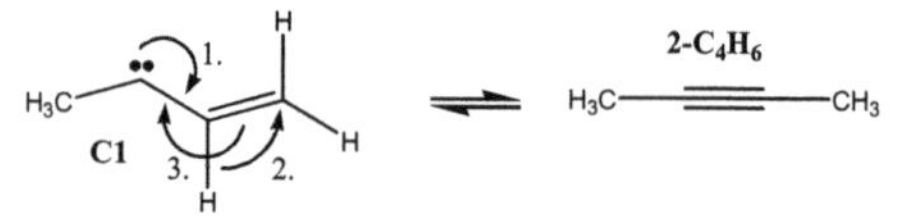

5. Untersuchte Reaktionen

Abbildung 5.19: Bildung des 2-C_4H_6 ausgehend vom Carben **C1** entsprechend [51].

Basierend auf ihren Reaktionsmechanismus und auf den von ihnen ermittelten Bildungsenthalpien der auftretenden chemischen Spezies berechneten Chambreau et al. die Potentialfläche für die Isomerisierungen zwischen den Butadien-Isomeren. Die von ihnen quantenchemisch berechnete Potentialfläche ist in Abbildung 5.20 dargestellt.

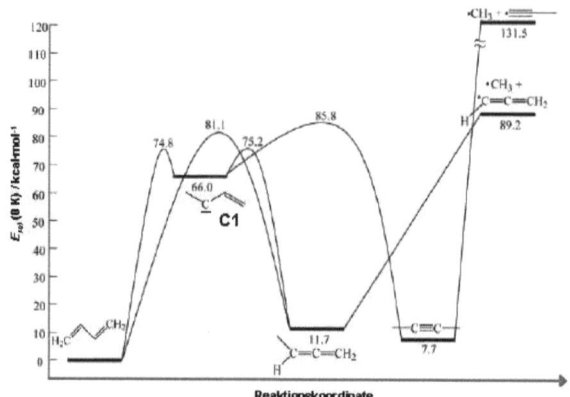

Abbildung 5.20: Potentialdiagramm für die im Verlauf der Isomerisierungen von 1,3-C_4H_6 auftretenden 1,2-H-Wandungen und Elektronenpaar-Verschiebungen mit dem Methyl-Vinyl- Carben (**C1**) als Intermediat. Die Bildungsenthalpien der stabilen Spezies und die Energiebarrieren wurden für 0 K berechnet [51].

Zum Vergleich dazu zeigen Chambreau et al. auch die Potentialfläche, die auf den von Hopf und Mitarbeitern formulierten Reaktionsmechanismus beruht. Diese Potentialfläche ist in Abbildung 5.21 dargestellt. Die dort angegebenen Energiebarrieren entsprechen den von Hopf et al. experimentell abgeleiteten Aktivierungsenergien. Die Bildungsenthalpien der dort auftretenden Spezies, also auch die des Methylcyclopropens (CH_3-cC_3H_3), wurden von Chambreau et al. berechnet.
Wie bereits erläutert wurde, besteht der qualitative Unterschied zwischen den vorgeschlagenen Reaktionsmechanismen darin, dass gemäß Hopf die Isomerisierungen über CH_3-cC_3H_3 als reaktive Zwischenstufe ablaufen, während in dem Modell von Chambreau und Mitarbeitern hingegen ausschließlich das Methyl-Vinyl-Carben (**C1**) als Intermediat auftritt. Um ausgehend vom 1,3-C_4H_6 zum 2-C_4H_6 zu gelangen, stellt gemäß Abb. 5.21. die Isomerisierung des CH_3-cC_3H_3 zum 2-C_4H_6 die Reaktion dar, welche mit einer Energiebarriere von 74,8 kcal mol^{-1} die höchste Aktivierungsenergie besitzt. Für die Modellierung der in dieser Arbeit durchgeführten H-ARAS-Experimente wurde für die Isomerisierung $R_{(-5.14)}$ (2-C_4H_6 $\rightleftharpoons$ 1,3-C_4H_6) für die Aktivierungsenergie der Wert

aus der Veröffentlichung von Hidaka et al. [11] übernommen: E_a = 65,0 kcal mol^{-1}. Wenn man für $R_{(-5.14)}$ die $k(T)$-Werte von Hidaka verwendet, dann lassen sich über die Gleichgewichtskonstante K_c = k_{for} / k_{rev} (siehe Kapitel 3.2 dieser Arbeit) die Geschwindigkeitskoeffizienten für die Rückreaktion berechnen und gegen die inverse Reaktionstemperatur auftragen. Daraus lässt sich dann ein Arrheniusausdruck $k(T)$ für die entsprechende Rückreaktion ableiten. Gemäß dieser Prozedur erhält man für die Rückreaktion $R_{5.14}$ (1,3-C_4H_6 ⇌ 2-C_4H_6) folgende Arrhenius-Parameter: $k_{R5.14}(T)$ = 2.5·10^{13} exp(-37209 K/T) s^{-1}; E_a = 73,9 kcal mol^{-1}.

Wenn man also basierend auf den $k_{(-5.14)}(T)$-Werten von Hidaka et al. die $k_{5.14}(T)$-Werte berechnet, erhält man für die Aktivierungsenergie E_a von $R_{5.14}$ (1,3-C_4H_6 ⇌ 2-C_4H_6) einen Wert, der sehr gut mit dem von Hopf experimentell bestimmten Wert von 74,8 kcal mol^{-1} übereinstimmt. (siehe Abbildung 5.21).

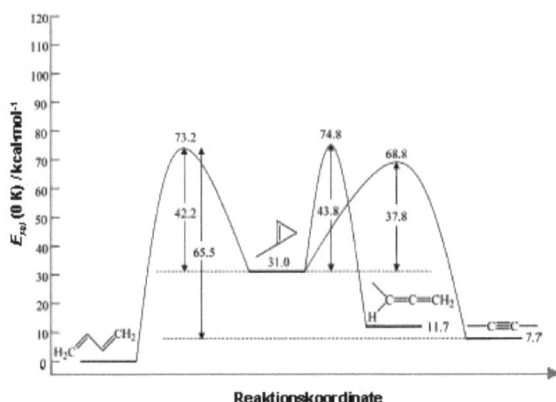

Abbildung 5.21: Potentialdiagramm für die Isomerisierungen von 1,3-C_4H_6 zu 1,2-C_4H_6 und 2-C_4H_6 unter der Annahme, dass Methylcyclopropen als Intermediat auftritt. Die Bildungsenthalpien der stabilen Spezies wurden für 0 K berechnet [51] und die gezeigten Aktivierungsenergien wurden der Arbeit von Hopf (für Reaktionstemperaturen T > 483 K) entnommen [49].

Wenn man hingegen die Potentialfläche für den von Chambreau et al. vorgeschlagenen Reaktionsmechanismus betrachtet (siehe Abb. 5.20), kann man erkennen, dass ausgehend vom 1,3-C_4H_6 bei dem Übergang vom Carben C1 zum 2-C_4H_6 eine Energiebarriere von 85,8 kcal mol^{-1} überwunden werden muss. Dies entspricht im Vergleich zu der oben abgeleiteten Aktivierungsenergie der Isomerisierung von 1,3-C_4H_6 ⇌ 2-C_4H_6 (E_a = 73,9 kcal mol^{-1}) einem beachtlichen Unterschied von 10 kcal mol^{-1}. Welche Auswirkungen dieser Unterschied bezogen auf die vorliegenden H-ARAS-Experimente hat, ist in Abbildung 5.22 gezeigt.

Wenn man für $R_{5.14}$ (1,3-C_4H_6 ⇌ 2-C_4H_6) den oben abgeleiteten $k(T)$-Ausdruck ($k_{R5.14}(T)$ = 2,5·10^{13} exp(-37209 K/T) s^{-1}; E_a = 73,9 kcal mol^{-1}) verwendet, erhält man die in Abbildung 5.22 gezeigten durchgezogenen Kurven als berechnete Profile. Wird hingegen für E_a anstelle von 73,9 kcal mol^{-1} der von Chambreau et al. berechnete Wert von 85,8 kcal mol^{-1} für E_a eingesetzt, so ergeben sich in Abbildung 5.22 als berechnete H-Atom-Profile die gestrichelten Kurven.

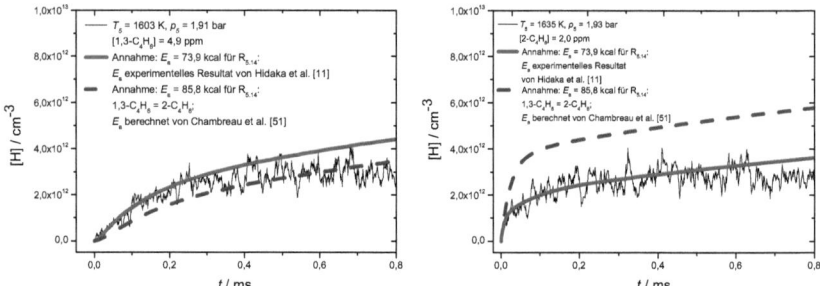

Abbildung 5.22: Einfluss des Wertes von E_a der Reaktion $R_{5.14}$ auf die berechneten H-Profile. Zur Berechnung der H-Profile wurde der in Tabelle 5.3 gezeigte Reaktionsmechanismus verwendet, wobei anstelle von $R_{(-5.14)}$ die Rückreaktion $R_{5.14}$ verwendet wurde. Durchgezogene Kurven: $k_{R5.14}(T) = 2,5 \cdot 10^{13} \exp(-37209\ K/T)\ s^{-1}$; $E_a = 73,9$ kcal mol^{-1} (abgeleitet von $k_{(-R5.14)}(T)$ von Hidaka et al. [11]); Gestrichelte Kurven: $k_{R5.14}(T) = 2,5 \cdot 10^{13} \exp(-43179\ K/T)\ s^{-1}$; $E_a = 85,8$ kcal mol^{-1} (Wert von E_a von Chambreau et al. [51]).

Bezogen auf die 1,3-C_4H_6-Experimente führt der erhöhte Wert von E_a für $R_{5.14}$ dazu, dass die berechneten H-Profile eine im Vergleich zu den Experimenten tendenziell zu geringe Bildung von H-Atomen vorhersagen. In Abbildung 5.14 ist gezeigt, dass es im Prinzip zwei Reaktionspfade gibt, die signifikant zur Bildung von H-Atomen beitragen. Der eine Pfad wird durch die Isomerisierung $R_{5.14}$ eingeleitet. Durch eine erhöhte Aktivierungsenergie dieser Isomerisierungsreaktion würde ein größerer Anteil an 1,3-C_4H_6-Molekülen über den konkurrierenden molekulare Kanal $R_{5.8}$ (1,3-C_4H_6 $\rightleftharpoons$ $C_2H_2 + C_2H_4$) verbraucht was wiederum mit einer geringeren Bildung von H-Atomen einherginge.

Bezogen auf die 2-C_4H_6-Experimente bewirkt ein erhöhter Wert von E_a für $R_{5.14}$ hingegen genau das Gegenteil. Die Ursache ist, dass entsprechend einem größeren Wert von E_a für die Hinreaktion auch die Rückreaktion $R_{(-5.14)}$ über eine größere Energiebarriere hinwegkommen müsste. Dadurch würde, wenn man vom 2-C_4H_6 ausgeht, die Bildungsrate von 1,3-C_4H_6-Molekülen verringert und damit das chemische Gleichgewicht insbesondere zur Reaktion 2-C_4H_6 $\rightleftharpoons$ 2-C_4H_5 + H ($R_{5.15}$) und die entsprechenden Folgereaktionen verschoben werden, was zu einer erhöhten Bildung von H-Atomen führen würde.

Insgesamt kann festgestellt werden, dass die experimentellen Befunde dieser Arbeit hinsichtlich der Isomerisierungen von 1,3-C_4H_6 in Einklang mit den von Hopf et al. [49] und Hidaka et al. [11] erhaltenen Ergebnissen sind, während die von Chambreau et al. [51] angegebenen Energiebarrieren zu Diskrepanzen zwischen Modellierungen und Experimenten führen. Die vorliegenden H-ARAS-Experimente erlauben es nicht zu entscheiden, ob die Isomerisierungen zwischen den C_4H_6-Spezies ausschließlich über ein Methyl-Vinyl-Carben (**C1**) als reaktive Zwischenstufe ablaufen oder ob diese Reaktionen außer der Spezies **C1** noch über Methylcyclopropen (CH_3-cC_3H_3) als Intermediat ablaufen. Die Ergebnisse der vorliegenden Arbeit unterstützen aber auf indirektem Wege die experimentellen Befunde der Arbeit von Hopf et al. Es ist festzuhalten, dass sich sowohl die 1,3-C_4H_6- als auch die 2-C_4H_6-Experimente konsistent mit dem in Tabelle 5.2 gezeigten Reaktionsmodell reproduzieren und interpretieren lassen.

5. Untersuchte Reaktionen

5.2 Die Pyrolyse von Cyclohexan und 1-Hexen

5.2.1 Einleitung

In der Einleitung (Kapitel 2) wurde das Konzept der Modelltreibstoffe erläutert und erwähnt, dass Cyclohexan (cC_6H_{12}) oft als wichtige Modelltreibstoff-Komponente für den Kerosin-Treibstoff Jet A-1 angesehen wird. Dadurch ergibt sich die Notwendigkeit, die Kinetik von Pyrolyse- und Oxidationsprozessen solcher Spezies unter Anwendung verschiedener experimenteller Methoden detailliert zu untersuchen. Aufgrund der besonderen Bedeutung von cC_6H_{12} als Modelltreibstoff-Komponente sind sowohl dessen Pyrolyse als auch dessen Oxidation in verschiedenen Studien untersucht worden, z.B. haben Voisin et al. [52] und El-Bakali et al. [53] die Oxidation von cC_6H_{12} in einem "gut-durchmischten" Strömungsreaktor (englisch: *jet-stirred reactor*) für verschiedene Äquivalenzverhältnisse ($0{,}5 \leq \Phi \leq 1{,}5$), für Temperaturen bis ca. 1200 K und für Drücke von bis zu 10 bar untersucht. Das Äquivalenzverhältnis Φ ist eine Zahl, mit der allgemein die Gemischzusammensetzung bestehend aus Luft und Kraftstoff (in diesem Fall cC_6H_{12}) beschrieben wird. Eine Angabe von $\Phi < 1$ kennzeichnet eine brennstoffarme Gemischzusammensetzung, $\Phi > 1$ eine brennstoffreiche und $\Phi = 1$ eine stöchiometrische Gemischzusammensetzung. Stöchiometrisch bedeutet, dass alle Brennstoff-Moleküle mit dem Luftsauerstoff vollständig zu CO_2 und H_2O reagieren, ohne dass Sauerstoff fehlt oder unverbrannter Sauerstoff übrig bleibt. In diesen Studien wurden für die verschiedenen experimentellen Bedingungen mittels gaschromatographischer Analysen die Verteilungen von stabilen Haupt- und Nebenprodukten der Oxidationen ermittelt und mittels komplexer Reaktionsmodelle wurden die gemessenen Produktverteilungen simuliert. Es handelt sich bei diesen Untersuchungen um global-kinetische Studien. Durch die hohen Konzentrationen an Brennstoff treten viele Folgereaktionen auf und in derartigen Studien kann der Einfluss einzelner Elementarreaktionen auf die gemessenen Observablen oftmals nicht gezielt untersucht werden. Neben diesen beiden Arbeiten liegen auch Studien vor, die sich grundlegend mit der Kinetik der einleitenden Reaktionsschritte beim thermischen Zerfall von cC_6H_{12} befassen [54 - 57].

Tsang [54] untersuchte die Pyrolyse von cC_6H_{12} und 1-Hexen ($1\text{-}C_6H_{12}$) mittels Single-Pulse-Stoßwellenexperimenten für Temperaturen bis zu 1200 K und Drücken zwischen 1 und 4 bar. Auch bei diesen Experimenten wurde mittels gaschromatographischer Analysen die Verteilung stabiler Reaktionsprodukte gemessen. Im Vergleich zu den von Voisin und El-Bakali durchgeführten Experimenten sind die von Tsang eingesetzten Konzentrationen der Reaktanden mit ca. 100 ppm relativ gering. Darüber hinaus wurde bei diesen Experimenten auch Toluol ($CH_3C_6H_5$) hinzugefügt, welches die Funktion eines Radikalfängers übernimmt. Durch Hinzugabe dieses Radikalfängers soll der Einfluss bimolekularer Folgereaktionen unterdrückt werden. Zusammen mit dem Reaktandgas und dem Radikalfänger wird noch eine weitere Substanz hinzugefügt, die die Funktion eines chemischen Thermometers übernimmt. Bei dieser Substanz handelt es sich um Methyl-Cyclohexen ($CH_3\text{-}C_6H_9$). Das hinzugefügte $CH_3\text{-}C_6H_9$ zerfällt in den Stoßrohrexperimenten zusammen mit dem cC_6H_{12}. Bei den gaschromatographischen Analysen werden die aus dem thermischen Zerfall von $CH_3\text{-}C_6H_9$ entstandenen Reaktionsprodukte (Ethen (C_2H_4) und Isopren (C_5H_8)) mit detektiert. Eine Substanz lässt sich dann als chemisches Thermometer einsetzten, wenn ihre Kinetik sehr gut untersucht ist. Aus den gemessenen Konzentrationen der Reaktionsprodukte des thermischen Zerfalls des chemischen Thermometers kann dann wiederum auf die Reaktionstemperatur zurückgerechnet werden. Ein wesentliches Ergebnis dieser Studie war, dass cC_6H_{12} im einleitenden Reaktionsschritt fast ausschließlich zu $1-C_6H_{12}$ umgesetzt wird:

$$cC_6H_{12} \rightarrow 1-C_6H_{12}. \qquad (R_{5.43})$$

Diese Isomerisierung ist ebenfalls nicht als Elementarreaktion aufzufassen. In einem ersten Schritt wird die Isomerisierung über einen C-C-Bindungsbruch ablaufen. Dieser führt zur Bildung eines Biradikals (1,6-Hexadiyl ($^\bullet CH_2(CH_2)_4CH_2^\bullet$)). Über eine sich anschließende Sequenz von Konformationsänderung und intramolekularer H-Abstraktion kann die Bildung des $1-C_6H_{12}$ erfolgen. Im Prinzip kann cC_6H_{12} auch über einen C-H-Bindungsbruch dissoziieren. Dieser würde zur Entstehung von Cyclohexyl (cC_6H_{11}) und H-Atomen führen. Typische Werte für die Bindungsdissoziationsenergien von C-C-Bindungen liegen in einem Bereich von 76 bis 90 kcal mol^{-1}, während typische Werte für C-H-Bindungen in einem Bereich von 86 bis 105 kcal mol^{-1} liegen. Aufgrund dessen wäre zu erwarten, dass ein C-C-Bindungsbruch im Vergleich zu einer C-H-Dissoziation bevorzugt abläuft und insofern entsprechen die Ergebnisse von Tsang dieser allgemeinen Erwartung.

Mit dem Verfahren der Niederdruck-Pyrolyse (englisch: *Very Low Pressure Pyrolysis* (VLPP)) wurde von Brown und Mitarbeitern [55] ebenfalls der thermische Zerfall von cC_6H_{12} in einem Temperaturbereich von 900 – 1223 K untersucht und die entstehenden Produkte massenspektrometrisch nachgewiesen. Auch diese Experimente legten nahe, dass die Isomerisierung zum $1-C_6H_{12}$ der dominierende primäre Prozess des thermischen Zerfalls von cC_6H_{12} ist und bestätigten somit die Ergebnisse von Tsang.

In der bereits erwähnten Stoßwellenuntersuchung von Tsang wurde auch der thermische Zerfall von $1-C_6H_{12}$ untersucht. Diese Spezies kann prinzipiell durch Dissoziation jeder vorhandenen C-C-Einfachbindung zerfallen:

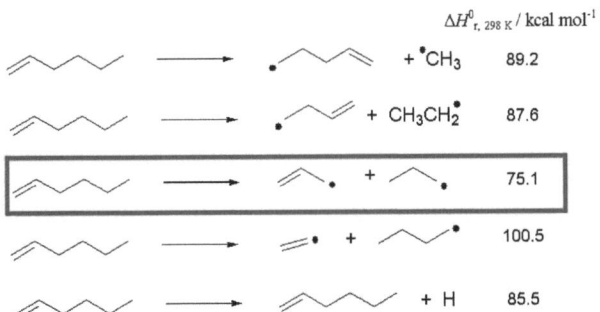

Abbildung 5.23: Darstellung der möglichen Zerfallskanäle für $1-C_6H_{12}$ und Angabe der jeweiligen Reaktionsenthalpien.

5. Untersuchte Reaktionen

Oft ist es so, dass Bindungsdissoziationsreaktionen Aktivierungsenergien haben, die in etwa den jeweiligen Reaktionsenthalpien entsprechen. Zwischen dem 3. und 4. Kohlenstoffatom weist 1-C6H12 eine allylische Bindung auf. Eine Spaltung dieser Bindung führt zur Bildung von Allyl- (C_3H_5) und n-Propyl-Radikalen (C_3H_7):

$$1\text{-}C_6H_{12} \rightarrow aC_3H_5 + C_3H_7. \qquad (R_{5.44})$$

Von allen möglichen einleitenden Bindungsdissoziationsreaktionen des $1\text{-}C_6H_{12}$ hat $R_{5.44}$ die niedrigste Reaktionsenthalpie und man kann daher davon ausgehen, dass diese Reaktion auch die geringste Aktivierungsenergie haben wird. Insofern ist zu erwarten, dass $R_{5.44}$ die bevorzugte einleitende Reaktion beim thermischen Zerfall von $1\text{-}C_6H_{12}$ sein wird. Unter den Bedingungen seiner Experimente (1000 K < T_5 < 1200 K; 1 bar < p_5 < 4 bar) wurde diese Erwartung von Tsang auch bestätigt. $1\text{-}C_6H_{12}$ kann darüber hinaus auch über einen molekularen Kanal zerfallen, eine so genannte Retro-En-Reaktion:

$$1\text{-}C_6H_{12} \rightarrow 2C_3H_6. \qquad (R_{5.45})$$

Aufgrund der von Tsang gemessenen Verteilung von stabilen Reaktionsprodukten wie Ethen (C_2H_4), Allen (C_3H_4) und Propen (C_3H_6) war die Schlussfolgerung, dass diese Reaktion nur von untergeordneter Bedeutung ist. Um sich näher mit der Kinetik dieses Retro-En-Prozesses zu befassen, wurden von King [58] ebenfalls Experimente zum thermischen Zerfall von $1\text{-}C_6H_{12}$ mit der Methode der Niederdruckpyrolyse in einem Temperaturbereich von 915 – 1153 K durchgeführt. Mittels RRKM-Rechnungen wurden die experimentellen Resultate untermauert. Das Ergebnis dieser Arbeit war, dass bei Temperaturen oberhalb von 1000 K $1\text{-}C_6H_{12}$ bevorzugt über die C-C-Bindungsdissoziation $R_{5.44}$ zerfällt.

Vor einigen Jahren veröffentlichten Sirjean et al. [56] eine Studie, in der quantenchemische Rechnungen zu Ringöffnungen von einigen zyklischen Alkanen wie z.B. auch cC_6H_{12} durchgeführt wurden. Für den ringöffnenden Schritt, der zur Bildung von 1,6-Hexadiyl ($^\bullet CH_2(CH_2)_4CH_2^\bullet$) führt, wurde eine Aktivierungsenergie von 85,5 kcal mol^{-1} berechnet. Entsprechend Ref. [56] verläuft die zum $1\text{-}C_6H_{12}$ führende intramolekulare H-Abstraktion über einen 6-gliedrigen zyklischen Übergangszustand. Gemäß den quantenchemischen Rechnungen besitzt dieser Vorgang eine Aktivierungsenergie von 1,8 kcal mol^{-1}. Infolge dieses niedrigen Wertes für E_a sind andere Pfade für den Zerfall des Biradikals $^\bullet CH_2(CH_2)_4CH_2^\bullet$ als unwahrscheinlich zu erachten. Beispielsweise ergaben die Rechnungen für den alternativen β-Bindungsbruch von einer der C-C-Bindungen (der ausgehend vom $^\bullet CH_2(CH_2)_4CH_2^\bullet$ zur Bildung von C_2H_4 und $^\bullet CH_2(CH_2)_2CH_2^\bullet$ führt) eine Aktiverungsenergie von 25,2 kcal mol^{-1}. Zusammenfassend ergibt sich, dass auch diese Theorie-Studie dass cC_6H_{12} im einleitenden Reaktionsschritt nahezu ausschließlich zu $1\text{-}C_6H_{12}$ zerfallen wird.

Die letzte experimentelle Studie die sich mit dem thermischen Zerfall von cC_6H_{12} beschäftigt ist eine Arbeit von Kiefer et al. [57]. Die Autoren berichten über Stoßwellenexperimente, bei denen als Detektionsmethode die Laser-Schlieren-Technik benutzt wird. Die cC_6H_{12}-Pyrolyse wurde bei Temperaturen von 1300 – 2000 K und bei Drücken von bis zu 200 Torr untersucht, während der thermische Zerfall von 1-C_6H_{12} für Temperaturen von 1220 – 1700 K und ebenfalls bei Drücken von bis zu 200 Torr untersucht wurde. Mittels dieser Technik wird unter Verwendung eines CW-Lasers (englisch: *continuous wave*) hinter einfallenden Stoßwellen die Änderung der Gasdichte entlang der Meßstrecke *(dρ/dx)* gemessen. Der Gasdichte-Gradient *(dρ/dx)* ist das Resultat der Wärmetönung von endothermen und exothermen Reaktionen. Der Strahl des CW-Lasers ist orthogonal zur einfallenden Stoßwelle orientiert. Die durch die Änderung der Gasdichte hervorgerufene Ablenkung des Laserstrahls wird mit einer Photodiode gemessen. Der Ablenkungswinkel α ist proportional zu (dρ/dx). Für (dρ/dx) wiederum gilt:

$$\frac{d\rho}{dx} \propto r_j \cdot \left(\Delta H_j - C_p \cdot T_2 \cdot \Delta n_j\right). \tag{5.4}$$

Die Änderung der Gasdichte ist demzufolge proportional zur Geschwindigkeit r_j einer Reaktion j und proportional zur Reaktionsenthalpie ΔH_j. C_p kennzeichnet die molare Wärmekapazität des Reaktionsgases, T_2 die Temperatur hinter der einfallenden Stoßwelle und Δn_j die Änderung der Molzahl der betreffenden Reaktion j. Die $k(T)$-Werte für Reaktionen, die in einem kinetischen System eine hohe Sensitivität besitzten, beeinflussen somit *(dρ/dx)*. Weitere Details zu dieser Methode werden in den Referenzen [15] und [59] beschrieben.

Der Schwerpunkt von Kiefers Arbeit lag darin die Druckabhängigkeit der Reaktionen $R_{5.43}$ und $R_{5.44}$ zu untersuchen. Mittels RRKM-Rechnungen wurden die experimentell abgeleiteten $k(T)$-Werte reproduziert und es wurden jeweils Arrheniusausdrücke für den Hochdruck-Grenzfall und $k(T)$-Werte für den *Fall-Off*-Bereich berechnet.

Da man davon ausgehen kann, dass der unimolekulare Zerfall von cC_6H_{12} über Reaktion $R_{5.43}$ ablaufen wird, sollte man mit einem Reaktionsmodell in der Lage sein sowohl die Pyrolyse von cC_6H_{12} als auch die von 1-C_6H_{12} beschreiben zu können. Daher wurde in der vorliegenden Arbeit auch der thermische Zerfall von 1-C_6H_{12} mit untersucht. Das Ziel dieser Untersuchung ist es herauszufinden, ob die gemessene Bildung von H-Atomen konsistent zu den Resultaten anderer Studien erklärt werden kann und welche Folgereaktionen einen signifikanten Einfluss auf die Bildung von H-Atomen haben.

5.2.2 Ergebnisse und Diskussion: 1-Hexen

Hinsichtlich der Pyrolyse von 1-C_6H_{12} wurden insgesamt 23 Experimente durchgeführt. Die Reaktionstemperaturen umfassten einen Bereich von 1250 bis knapp 1400 K und die Drücke einen Bereich von 1,5 bis 2 bar. Die Ausgangskonzentrationen an 1-C_6H_{12} betrugen 0,9 bis 2,4 ppm in Argon. In Tabelle 5.6 sind die experimentellen Daten der 1-C_6H_{12}-Experimente zusammengefasst.

Tabelle 5.6: Zusammenstellung der Reaktionsbedingungen für die Experimente zur Pyrolyse von 1-C_6H_{12}.

T_5 / K	p_5 / bar	[1-C_6H_{12}] / ppm	[1-C_6H_{12}] / cm^{-3}
1253	1,51	0,9	$7,85 \cdot 10^{12}$
1259	1,76	1,5	$1,52 \cdot 10^{13}$
1260	1,86	1,3	$1,39 \cdot 10^{13}$
1261	1,86	2,4	$2,57 \cdot 10^{13}$
1270	1,82	2,0	$2,03 \cdot 10^{13}$
1280	1,97	1,3	$1,45 \cdot 10^{13}$
1285	1,96	2,0	$2,15 \cdot 10^{13}$
1295	1,95	2,4	$2,62 \cdot 10^{13}$
1314	1,80	2,0	$1,94 \cdot 10^{13}$
1329	1,97	1,3	$1,40 \cdot 10^{13}$
1332	1,71	0,9	$8,35 \cdot 10^{12}$
1334	1,68	0,9	$8,23 \cdot 10^{12}$
1343	1,87	1,3	$1,31 \cdot 10^{13}$
1345	1,95	1,5	$1,57 \cdot 10^{13}$
1348	1,74	0,9	$8,43 \cdot 10^{12}$
1351	1,96	2,0	$2,05 \cdot 10^{13}$
1353	1,86	2,4	$2,39 \cdot 10^{13}$
1354	1,83	1,3	$1,27 \cdot 10^{13}$
1358	1,63	0,9	$7,80 \cdot 10^{12}$
1359	2,02	2,0	$2,10 \cdot 10^{13}$
1380	1,89	2,4	$2,38 \cdot 10^{13}$
1387	1,83	1,5	$1,43 \cdot 10^{13}$
1398	1,48	0,9	$6,92 \cdot 10^{12}$

Für die Modellierungen der Experimente wird der in Tabelle 5.7 gezeigte Reaktionsmechanismus benutzt. Dieser Mechanismus umfasst 14 Reaktionen und 13 Spezies. In diesem Modell werden alle Reaktionen, bis auf $R_{5.52}$ und $R_{5.53}$, als Gleichgewichtsreaktionen betrachtet, d.h. es werden jeweils auch die Rückreaktionen mit berücksichtigt.

Die dazu erforderlichen thermodynamischen Daten wurden der Datenbank von Goos, Burcat und Ruscic entnommen [60]. Die thermodynamischen Daten für einige relevante Spezies werden in Tabelle 5.8 präsentiert.

Tabelle 5.7: Mechanismus des thermischen Zerfalls von cC_6H_{12} und $1-C_6H_{12}$; Parametrisierung: $k(T) = A\ (T/K)^n \exp(-E_a/RT)$; Einheiten: cm^3, s^{-1}, mol^{-1}, K

Nr.	Reaktion	A	n	E_a/R	Quelle
$R_{5.43}$	$cC_6H_{12} \rightleftharpoons 1-C_6H_{12}$	$5{,}0 \cdot 10^{16}$	0,0	44483	[54]
$R_{5.44}$	$1-C_6H_{12} \rightleftharpoons C_3H_5 + C_3H_7$	$2{,}3 \cdot 10^{16}$	0,0	36672	Diese Arbeit
$R_{5.45}$	$1-C_6H_{12} \rightleftharpoons 2C_3H_6$	$4{,}0 \cdot 10^{12}$	0,0	28867	[54]
$R_{5.46}$	$C_3H_5 \rightleftharpoons aC_3H_4 + H$	$8{,}5 \cdot 10^{79}$	-19,29	47979	[61] [a]
$R_{5.47}$	$C_3H_7 \rightleftharpoons C_3H_6 + H$	$6{,}9 \cdot 10^{13}$	0,0	18872	[62]
$R_{5.48}$	$C_3H_7 \rightleftharpoons C_2H_4 + CH_3$	$1{,}8 \cdot 10^{14}$	0,0	15751	[62]
$R_{5.49}$	$C_3H_5 + H \rightleftharpoons C_3H_6$	$5{,}3 \cdot 10^{13}$	0,18	-63	[63]
$R_{5.50}$	$C_3H_5 + H \rightleftharpoons aC_3H_4 + H_2$	$1{,}8 \cdot 10^{13}$	0,0	0	[64]
$R_{5.51}$	$aC_3H_4 \rightleftharpoons pC_3H_4$	$1{,}1 \cdot 10^{14}$	0,0	32355	[65]
$R_{5.52}$	$aC_3H_4 + H \rightarrow pC_3H_4 + H$	$4{,}0 \cdot 10^{17}$	0,0	2560	[28]
$R_{5.53}$	$pC_3H_4 + H \rightarrow aC_3H_4 + H$	$1{,}9 \cdot 10^{14}$	0,0	3090	[66]
$R_{5.54}$	$aC_3H_4 + H \rightleftharpoons C_3H_3 + H_2$	$4{,}0 \cdot 10^{14}$	0,0	7500	[28]
$R_{5.55}$	$pC_3H_4 + H \rightleftharpoons C_3H_3 + H_2$	$3{,}4 \cdot 10^{14}$	0,0	6290	[66]
$R_{5.56}$	$pC_3H_4 + H \rightleftharpoons C_2H_2 + CH_3$	$3{,}1 \cdot 10^{14}$	0,0	4010	[66]

[a] prä-exponentieller Faktor A des $k(T)$-Ausdrucks für 1 bar wurde um den Faktor 1,6 erhöht (siehe Text)

Tabelle 5.8: Thermodynamische Daten für die in dem in Tabelle 5.7 gezeigten Reaktionsmechanismus. Die Daten wurden Ref. [60] entnommen; $\Delta H^0_{f,\ 298\ K}$ ist in kcal mol^{-1}, $S^0_{298\ K}$ und $C_p^0(T)$ jeweils in cal mol^{-1} K^{-1} angegeben.

Spezies	$\Delta H^0_{f, 298\ K}$	$S^0_{298\ K}$	C_p^0 (300 K)	C_p^0 (400 K)	C_p^0 (500 K)	C_p^0 (800 K)	C_p^0 (1000 K)	C_p^0 (1500 K)
cC_6H_{12}	-29,469	71,233	25,357	35,304	44,966	66,255	75,251	87,218
$1-C_6H_{12}$	-10,026	92,533	31,413	39,637	47,395	63,872	70,944	81,480
C_3H_5	39,100	61,969	15,223	18,991	22,284	29,060	32,120	36,743
C_3H_7	24,020	69,289	17,109	21,490	25,391	34,115	38,129	44,229
aC_3H_4	45,603	58,180	14,255	16,974	19,617	25,631	28,258	31,942
pC_3H_4	44,292	59,341	14,730	17,091	19,525	25,357	27,988	31,744
C_3H_3	82,695	61,438	15,558	17,828	19,552	23,112	24,813	27,542
C_3H_6	4,879	63,799	15,462	19,272	22,735	30,787	34,528	40,145
C_2H_2	54,349	48,085	10,548	12,014	13,077	15,160	16,231	18,142
C_2H_4	12,498	52,448	10,275	12,691	14,895	20,039	22,433	26,097
CH_3	35,062	46,425	9,196	9,977	10,755	12,864	14,089	16,248
H	52,102	27,449	4,968	4,968	4,968	4,968	4,968	4,968

5. Untersuchte Reaktionen

In Abschnitt 5.2.1 wurde dargelegt, dass hinsichtlich des thermischen Zerfalls von 1-C_6H_{12} Reaktion $R_{5.44}$ (1-C_6H_{12} → C_3H_5 + C_3H_7) den dominierenden Reaktionsschritt darstellt. Durch eine C-H-Bindungsdissoziation zerfallen die Allyl-Radikale (C_3H_5) wiederum zu Allen-Molekülen (aC_3H_4) und H-Atomen:

$$C_3H_5 \rightarrow aC_3H_4 + H. \qquad (R_{5.46})$$

Die bei Reaktion $R_{5.44}$ entstehenden *n*-Propyl-Radikale (C_3H_7) können wiederum über zwei Pfade dissoziieren: Einerseits über einen C-H-Bindungsbruch bei dem Propen (C_3H_6) und H-Atome entstehen und andererseits über einen C-C-Bindungsbruch, bei dem Methyl-Radikale (CH_3) und Ethen entstehen:

$$C_3H_7 \rightarrow C_3H_6 + H, \qquad (R_{5.47})$$

$$C_3H_7 \rightarrow CH_3 + C_2H_4. \qquad (R_{5.48})$$

Hinsichtlich des Zerfalls von C_3H_7 ist die C-C-Bindungsdissoziation ($R_{5.48}$) der bevorzugte Reaktionspfad [67, 68]. Der thermische Zerfall von *n*-Propyl-Radikalen wurde beispielsweise auch von Yamauchi et al. [62] experimentell untersucht. Es wurden Stoßwellen-Experimente ausgeführt in denen hinter reflektierten Stoßwellen zeitaufgelöst mittels der H-ARAS-Methode die Bildung von H-Atomen gemessen wurde. Als *in situ*-Quelle für die *n*-Propyl-Radikale wurde die Verbindung 3-Iod-Propen (C_3H_7I) eingesetzt. Die C-I-Bindungsenergie beträgt rund 50 kcal mol^{-1} [69] (im Vergleich zu 76 bis 90 kcal mol^{-1} für C-C-Bindungen). Daher stellt die C-I-Bindung die schwächste Bindung in diesem Molekül dar. Mit dem Eintreffen der reflektierten Stoßwelle erfolgt quasi instantan die Spaltung der C-I-Bindung in den C_3H_7I-Molekülen und somit die Bildung von C_3H_7-Radikalen. Die Experimente von Yamauchi und Mitarbeitern zeigten, dass bei Temperaturen von 900 bis 1400 K und bei Drücken von 1,0 bis 1,5 bar weniger als 5% der erzeugten *n*-Propyl-Radikale über den Kanal $R_{5.47}$ zerfallen. Somit konnte in dieser Studie eindeutig gezeigt werden, dass die C-C-Homolyse unter Bildung von CH_3 und C_2H_4 der dominierende Reaktionspfad ist und daher der thermische Zerfall von C_3H_7 nicht als Quelle von H-Atomen erachtet werden kann. Im Umkehrschluss bedeutet dies, dass die in den 1-C_6H_{12}- und cC_6H_{12}-Experimenten gemessene Bildung von H-Atomen nahezu ausschließlich aus dem thermischen Zerfall der Allyl-Radikale ($R_{5.46}$) herrühren muss. Daher wird die Geschwindigkeit dieser Reaktion einen erheblichen Einfluss auf die Bildung von H-Atomen haben.

Neben den bisher erwähnten Reaktionen $R_{5.43}$ bis $R_{5.48}$ enthält der Reaktionsmechanismus weitere Folgereaktionen wie z.B. die Isomerisierung des Allens (aC_3H_4) zum Propin (pC_3H_4) und beide Spezies können wiederum Folgereaktionen mit H-Atomen eingehen. Im Verlauf dieses Abschnittes wird noch gezeigt werden, dass eine weitere Folgereaktion auf den zeitlichen Verlauf der Bildung von H-Atomen ebenfalls einen wichtigen Einfluss ausübt, nämlich die Rekombination von Allyl-Radikalen mit H-Atomen zu Propen:

$$C_3H_5 + H \rightarrow C_3H_6. \qquad (R_{5.49})$$

5. Untersuchte Reaktionen

In Abbildung 5.24 sind für zwei 1-C_6H_{12}-Experimente Störungssensitivitätsanalysen dargestellt. Für diese Analysen wurden die $k(T)$-Werte der im Reaktionsmodell (siehe Tabelle 5.7) enthaltenen Reaktionen jeweils mit dem Faktor 0,5 multipliziert. Die Abweichungen der H-Profile gegenüber dem Referenzprofil ($[H]_{ref}$), die aus der Änderung von $k(T)$ für jede der Reaktionen resultieren, werden gegen die Reaktionsdauer aufgetragen.

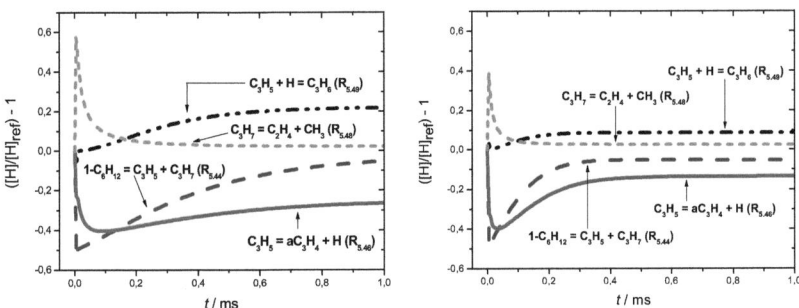

Abbildung 5.24: Störungssensitivitätsanalyse für 1-C_6H_{12}: *links*: T_5 = 1280 K, p_5 = 1.97 bar, [1-C_6H_{12}] = 1,45·10^{13} cm^{-3} (1,3 ppm); *rechts*: T_5 = 1354 K, p_5 = 1,83 bar, [1-C_6H_{12}] = 1,27·10^{13} cm^{-3} (1,3 ppm).

In den beiden Diagrammen von Abbildung 5.24 sind die vier Reaktionen gezeigt, die in dem 1-C_6H_{12}-System auf die Bildung von H-Atomen den größten Einfluss haben. Da der Allyl-Zerfall zu Allen und H-Atomen ($R_{5.46}$) die Reaktion ist, aus der unmittelbar H-Atome freigesetzt werden, ist es offensichtlich, dass diese Reaktion besonders wichtig ist. Dass die Dissoziation von 1-C_6H_{12} ($R_{5.44}$) ebenfalls einen großen Einfluss auf die Produktion von H-Atomen hat ist ebenfalls offenkundig, da $R_{5.44}$ zur Bildung von Allyl-Radikalen führt. Zumindest bei Reaktionszeiten bis zu ca. 200 µs spielt auch der Zerfall der *n*-Propyl-Radikale via C-C-Bindungsbruch ($R_{5.48}$) eine gewisse Rolle. Das hängt damit zusammen, dass $R_{5.48}$ einfach der Hauptreaktionspfad ist, über den C_3H_7 verbraucht wird. Das Ergebnis der Störungssensitivitätsanalyse lässt sich für $R_{5.48}$ also wie folgt interpretieren: Unter der Annahme, dass die $k(T)$-Werte für $R_{5.48}$ niedriger wären als sie es tatsächlich sind, wäre die Konsequenz, dass ein größerer Anteil der C_3H_7-Radikale über die konkurrierende C-H-Bindungsdissoziation $R_{5.47}$ verbraucht werden würde. Dieses wiederum würde dementsprechend zu einer erhöhten Bildungsrate an H-Atomen führen. Darüber hinaus zeigt Abbildung 5.24, dass insbesondere im niederen Temperaturbereich, d.h. T_5 < 1320 K, die Rekombination von Allyl-Radikalen mit H-Atomen zu Propen ($R_{5.49}$) einen signifikanten Einfluss auf die gemessenen H-Atom-Profile aufweist.

Bezüglich der Dissoziation von Allyl-Radikalen ($R_{5.46}$) liegen in der Fachliteratur verschiedene Arrhenius-Ausdrücke vor [48, 61, 70]. Die verschiedenen $k(T)$-Ausdrücke werden in dem in Abbildung 5.25 gezeigten Arrhenius-Diagramm verglichen.

5. Untersuchte Reaktionen

Die in Abbildung 5.25 gezeigten Literaturwerte für $k_{R5.46}(T)$ unterscheiden sich im Extremfall um fast zwei Größenordnungen. Die Arrhenius-Kurve, welche die niedrigsten Werte für $k_{R5.46}(T)$ zeigt, sind das Resultat einer Quantum-Rice-Ramsperger-Kassel(QRRK)-Rechnung [48]. Für $R_{5.46}$ wurden eine Aktivierungsenergie von 61,2 kcal mol^{-1} und ein prä-exponentieller Faktor von $1,3 \cdot 10^{13}$ s^{-1} berechnet. Der von Dean berechnete Arrhenius-Ausdruck bezieht sich auf den Hochdruck-Grenzfall. Als Ergebnis einer Literaturübersicht wurde von Warnatz [70] ein Arrhenius-Ausdruck für die Rückreaktion $aC_3H_4 + H \rightarrow C_3H_5$ (R$_{-5.46}$) abgeleitet: $k_{R(-5.46)}(T) = 1,2 \cdot 10^{12}$ exp(-1359 K/T) cm$^3 \cdot$ mol$^{-1} \cdot$s^{-1}; E_a = 2,7 kcal mol^{-1}. Mittels der für die Spezies bekannten thermodynamischen Daten lässt sich die Gleichgewichtskonstante K_c berechnen und damit die Werte von $k(T)$ für die Hinreaktion: $k_{R5.46}(T) = 1,1 \cdot 10^{11}$ exp(-19725 K/T) s^{-1}. Wenn man diese Werte von $k_{R5.46}(T)$ mit denen von Dean vergleicht, so erkennt man einen Unterschied von mehr als einer Größenordnung. Schließlich wurde der thermische Zerfall von Fernandes et al. [61] experimentell untersucht. In Stoßwellenexperimenten wurde zeitaufgelöst mittels der H-ARAS-Methode die Bildung von H-Atomen für Drücke von 0,25 bar, 1 bar und 4 bar für Argon und N$_2$ als Badgase gemessen. Mittels einer Mastergleichungs-Analyse wurde für $R_{5.46}$ ein Arrhenius-Ausdruck für den Hochdruck-Grenzfall berechnet. Die in Abbildung 5.25 gezeigten Arrhenius-Kurven für $R_{5.46}$ aus Ref. [61] beziehen sich auf die mit Argon als Badgas durchgeführten Experimente bei Drücken von 1 bar und 4 bar und auf den berechneten Hochdruck-Grenzfall. Man kann erkennen, dass die $k_{R5.46}(T)$-Werte von Warnatz relativ gut mit dem Hochdruck-Grenzfall von [61] übereinstimmen.

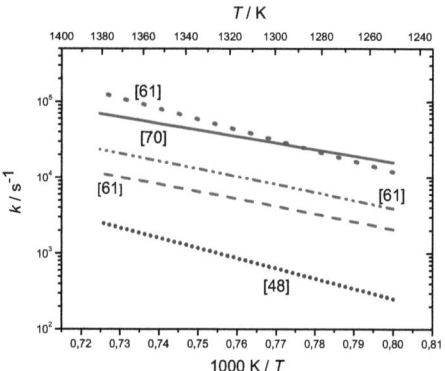

Abbildung 5.25: Vergleich von $k(T)$-Werten aus der Literatur für den Allyl-Zerfall $C_3H_5 \rightleftharpoons aC_3H_4$ + H (R$_{5.46}$): Untere punktierte Kurve: Dean [48]; gestrichelte Kurve: Fernandes et al. [61]: Experimente bei p_5 = 1 bar; gestrichelt-punktierte Kurve: Fernandes et al. [61]: Experimente bei p_5 = 4 bar; obere punktierte Kurve: Fernandes et al. [61]: Hochdruck-Grenzfall; durchgezogene Kurve: Mittels Thermodynamik abgeleitet von Warnatz [70] (siehe Text).

Das Ergebnis der kinetischen Modellierungen der 1-C_6H_{12}-Experimente hängt stark vom Arrheniusausdruck ab, der für den Allyl-Zerfall gewählt wird. Da Fernandes et al. den thermischen Zerfall von Allyl-Radikalen direkt untersucht haben, kann man davon ausgehen, dass die von ihnen ermittelten Geschwindigkeitskoeffizienten eine höhere Genauigkeit haben als die in den Referenzen [48]

5. Untersuchte Reaktionen

und [70] berechneten bzw. abgeschätzten Werte für $k_{R5.46}(T)$. Daher wurden für die Modellierung der vorliegenden 1-C_6H_{12}-Experimente die Ergebnisse der Studie von Fernandes et al. [61] benutzt. Von Fernandes et al. wurden die Stoßwellenexperimente u.a. bei Drücken von 1 bar und 4 bar ausgeführt. Die jeweils erhaltenen $k(T)$-Werte unterscheiden sich etwa um einen Faktor 2. Die 1-C_6H_{12}- und cC_6H_{12}-Experimente dieser Arbeit wurden hingegen bei Drücken um ca. 2 bar durchgeführt, so dass die Geschwindigkeitskoeffizienten für den Allyl-Zerfall zwischen den $k_{R5.46}(T)$-Werten bei 1 bar und 4 bar liegen werden. Daher wurde der prä-exponentielle Faktor A des sich auf die 1 bar-Experimente von Fernandes et al. beziehenden Arrhenius-Ausdruckes um das 1,6-fache vergrößert und für die Modellierungen der cC_6H_{12}- und 1-C_6H_{12}-Experimente benutzt. Durch Anpassen der $k(T)$-Werte für $R_{5.44}$ (1-C_6H_{12} → aC_3H_5 + C_3H_7) wurde anschließend versucht, für jedes einzelne 1-C_6H_{12}-Experiment die größtmögliche Übereinstimmung zwischen gemessenen und berechneten H-Profilen zu erzielen. Durch Anwendung dieser Prozedur wird für $R_{5.44}$ aus jedem einzelnen 1-C_6H_{12}-Experiment ein Geschwindigkeitskoeffizient abgeleitet. Diese werden anschließend in einem Arrhenius-Diagramm gegen die inverse Temperatur aufgetragen, so dass für $R_{5.44}$ ein Arrhenius-Ausdruck abgeleitet werden konnte: $k_{R5.44}(T) = 2,3 \cdot 10^{16} \exp(-36672 \text{ K}/T) \text{ s}^{-1}$. Die abgeleiteten Geschwindigkeitskoeffizienten sind in Abbildung 5.26 aufgeführt. Die abgeleiteten Werte von $k_{R5.44}(T)$ werden mit Werten verglichen, die von Tsang [54] und Kiefer et al. [57] erhalten wurden.

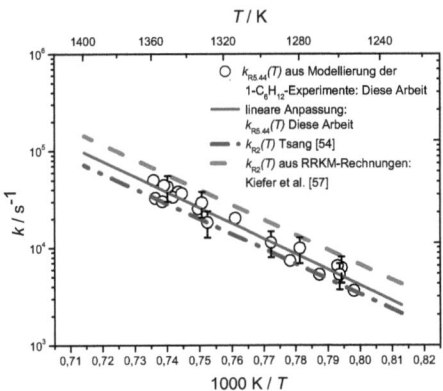

Abbildung 5.26: Arrhenius-Diagramm für die Geschwindigkeitskoeffizienten der Reaktion 1-C_6H_{12} ⇌ aC_3H_5 + C_3H_7 ($R_{5.44}$).

Kiefer und Mitarbeiter führten RRKM-Rechnungen aus um Werte von $k_{R5.44}(T)$ für die Bedingungen von Tsangs Experimenten (T_5 = 1000 – 1150 K und p_5 = 1,0 – 4,0 bar) zu erhalten. Die im Rahmen dieser Arbeit abgeleiteten Geschwindigkeitskoeffizienten liegen zwischen den $k_{R5.44}(T)$-Werten der beiden Referenzen. Die in Abbildung 5.26 gezeigten Fehlerbalken deuten darauf hin, dass die Resultate von Tsang und Kiefer etwa dem oberen und dem unteren Limit der experimentellen Ungenauigkeit entsprechen, was in Abbildung 5.27 veranschaulicht wird. Der Fehler in der Parametrisierung der $k(T)$-Werte wird auf ± 30% abgeschätzt.

5. Untersuchte Reaktionen

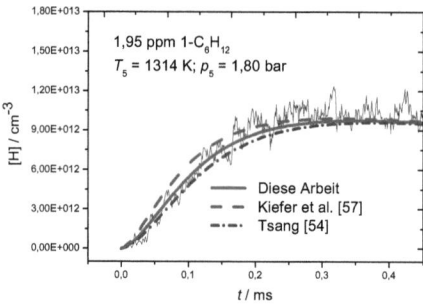

Abbildung 5.27: Vergleich von $k(T)$-Werten aus der Literatur für die 1-C_6H_{12}-Dissoziation $R_{5.44}$ anhand der Modellierung eines gemessenen H-Profils. Durchgezogene Kurve: $k_{R5.44}(T)$: Diese Arbeit; gestrichelte Kurve: $k_{R5.44}(T)$ von Kiefer et al. [57]; strich-punktierte Kurve: $k_{R5.44}(T)$ von Tsang [54].

Trotz der in Abbildung 5.27 gezeigten ziemlich geringen Unterschiede zwischen den berechneten H-Profilen beeinflusst insbesondere die Wahl des Arrheniusausdrucks für den Allyl-Zerfall $R_{5.46}$ in erheblichem Maße die $k(T)$-Werte für die 1-C_6H_{12}-Dissoziation ($R_{5.44}$). Würde man für den Allyl-Zerfall aus Ref. [61] den $k(T)$-Ausdruck für 1 bar für die Modellierung der 1-C_6H_{12}-Experimente benutzten, so würde auch eine starke Änderung von $k_{R5.44}(T)$ nicht zu einer Übereinstimmung zwischen gemessenen und berechneten H-Profilen führen. Dies wird in Abbildung 5.28 veranschaulicht:

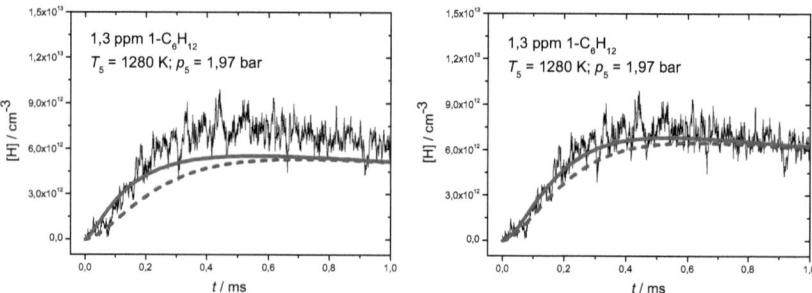

Abbildung 5.28: Einfluss der Wahl von $k_{R5.46}(T)$ auf die Modellierung der 1-C_6H_{12}-Experimente und auf die Geschwindigkeitskoeffizienten der 1-C_6H_{12}-Dissoziation $R_{5.44}$: *Linkes Diagramm:* Gestrichelte Kurve: $k_{R5.46}(T)$-Ausdruck für 1 bar [61] und $k_{R5.44}(T)$ von Tsang [54]; durchgezogene Kurve: Auch eine starke Erhöhung von $k_{R5.44}(T)$ um einen Faktor 4 führt nicht zu einer Übereinstimmung zwischen berechneten und gemessenen H-Profil. *Rechtes Diagramm:* Gestrichelte Kurve: $k_{R5.46}(T)_{p=1bar}\cdot 1.6$ (siehe Text) und $k_{R5.44}(T)$ von Tsang; durchgezogene Kurve: Die Verwendung des modifizierten Arrheniusausdrucks $k_{R5.46}(T)_{p=1bar}\cdot 1.6$ führt bei den Modellierungen zu moderaten Änderungen des Ausdrucks von $k_{R5.44}(T)$ (diese Arbeit: siehe Tabelle 5.8) was wiederum zu einer Übereinstimmung zwischen berechneten und gemessenen H-Profilen führt.

Im linken Diagramm von Abbildung 5.28 kann man erkennen, dass die Anwendung des $k(T)_{1bar}$-Ausdrucks für den Allylzerfall $R_{5.46}$ zu berechneten H-Profilen führt, die die gemessene Bildung von H-Atomen deutlich unterschätzen. Selbst wenn der $k(T)$-Wert für $R_{5.44}$ um einen Faktor 4 erhöht wird, stimmen die berechneten nicht mit den gemessenen Profilen überein. In dem rechten Diagramm in Abbildung 5.28 kann man erkennen, dass die Anwendung des um den Faktor 1.6 (siehe Tabelle 5.7) erhöhten $k(T)$-Ausdrucks für den Allyl-Zerfall die Differenz zwischen berechneten und gemessenen H-Profilen erheblich reduziert. Die Konsequenz ist, dass bereits geringe Anpassungen der Geschwindigkeitskoeffizienten für die $1\text{-}C_6H_{12}$-Dissoziation $R_{5.44}$ zu einer Übereinstimmung zwischen berechneten und gemessenen H-Profilen führen. Durch Anwendung des $k(T)_{1bar}$-Ausdrucks für den Allylzerfall ist eine schlüssige Modellierung der $1\text{-}C_6H_{12}$-Experimente nicht möglich.

Die in Abbildung 5.24 gezeigte Störungssensitivitätsanalyse zeigt, dass die Rekombination $C_3H_5 + H \rightarrow C_3H_6$ ($R_{5.49}$) eine andere relevante Folgereaktion ist, die für den zeitlichen Verlauf der Bildung von H-Atomen von Relevanz ist. Für diese Reaktion findet man in der Literatur Werte für die Geschwindigkeitskoeffizienten, die ziemlich gut miteinander übereinstimmen. Für die Modellierung der vorliegenden $1\text{-}C_6H_{12}$- und $c\text{-}C_6H_{12}$-Experimente wurde für $R_{5.49}$ ein $k(T)$-Ausdruck benutzt, der von Harding et al. [63] berechnet wurde und in guter Übereinstimmung mit einem experimentell bestimmten Wert aus einer Veröffentlichung von Hanning-Lee und Pilling [71] ist. Diese Autoren haben die Geschwindigkeit der Rekombination $R_{5.49}$ bei 291 K gemessen und daraus für den Geschwindigkeitskoeffizienten einen Wert von $1{,}7 \cdot 10^{14}$ cm^{3}mol^{-1}s^{-1} (verglichen mit $k_{R5.49}(T) \approx 2{,}0 \cdot 10^{14}$ cm^{3}mol^{-1}s^{-1} von Harding et al.) ermittelt. Abbildung 5.29 verdeutlicht was passiert wenn $R_{5.49}$ in dem in Tabelle 5.7 gezeigten Reaktionsmodell nicht berücksichtigt werden würde.

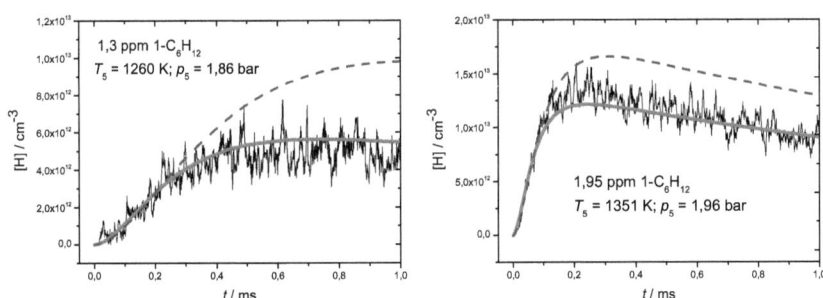

Abbildung 5.29: Einfluss der Rekombination $C_3H_5 + H \rightleftharpoons C_3H_6$ ($R_{5.49}$) auf die Bildung von H-Atomen; Vergleich zwischen berechneten und gemessenen H-Atom-Profilen; durchgezogenen Kurven: $k_{R5.49}(T)$ von Harding et al. [63]; gestrichelte Kurven: berechnete Profile ohne Berücksichtigung von $R_{5.49}$.

Die Vernachlässigung der Rekombination würde zu einer Überschätzung der Bildung von H-Atomen führen. Die Ursache liegt darin, dass das gebildete Propen (C_3H_6) erst ab Temperaturen von ca. 1600 K zerfällt und somit unter den vorliegenden experimentellen Bedingungen ($T_5 < 1400$ K) thermisch stabil ist. Das bedeutet, dass H-Atome, die mit Allyl-Radikalen zu C_3H_6 rekombinieren für weitere Folgereaktionen unwiederbringlich verloren sind und daher stellt $R_{5.49}$ eine relevante Senke für H-Atome dar. Insgesamt ist festzuhalten, dass sich die aus dem thermischen Zerfall von 1-C_6H_{12} resultierende Bildung von H-Atomen schlüssig interpretieren lässt. Abbildung 5.30 demonstriert, dass das in Tabelle 5.7 gezeigte Reaktionsmodell in der Lage ist, die experimentellen H-Profile zu reproduzieren.

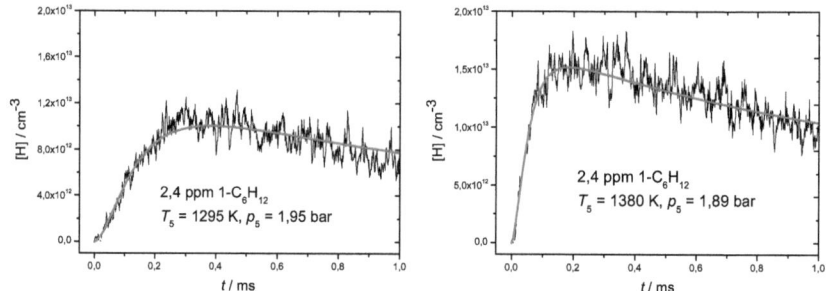

Abbildung 5.30: Gemessene H-Profile, die aus dem thermischen Zerfall von 1-C_6H_{12} resultieren. Durchgezogene Kurven: H-Profile, die mit dem in Tabelle 5.7 gezeigten Reaktionsmodell berechnet wurden.

In dem Kontext dieser 1-C_6H_{12}-Experimente passen der abgeleitete Arrheniusausdruck für die 1-C_6H_{12}-Dissoziation $R_{5.44}$ sowie die verwendeten $k(T)$-Ausdrücke für den Allyl-Zerfall $R_{5.46}$ und die Rekombination $R_{5.49}$ gut zu den Resultaten anderer experimenteller und theoretischer Studien dieser Reaktionen [54, 57, 61, 63, 71].

5.2.3 Ergebnisse und Diskussion: Cyclohexan

Die kinetischen Untersuchungen zur Cyclohexan-Pyrolyse umfassen 16 Experimente, wobei die Temperatur von rund 1300 K bis 1550 K variiert wurde. Die Drücke lagen bei rund 2 bar. Die Ausgangskonzentrationen an cC_6H_{12} betrugen 1,1 bis 2,0 ppm in Argon. Tabelle 5.9 enthält eine Zusammenstellung der experimentellen Daten, die für die Untersuchungen des thermischen cC_6H_{12}-Zerfalls verwendet wurden.

Tabelle 5.9: Zusammenstellung der Reaktionsbedingungen für die Experimente zur Pyrolyse von cC_6H_{12}.

T_5 / K	p_5 / bar	[cC_6H_{12}] / ppm	[cC_6H_{12}] / cm^{-3}
1305	1,85	1,1	1,13·10^{13}
1325	1,97	2,0	2,16·10^{13}
1326	2,06	2,0	2,25·10^{13}

1367	1,92	2,0	$2,03 \cdot 10^{13}$
1370	1,84	2,0	$1,95 \cdot 10^{13}$
1370	2,01	2,0	$2,12 \cdot 10^{13}$
1400	2,00	1,1	$1,14 \cdot 10^{13}$
1403	1,92	1,1	$1,09 \cdot 10^{13}$
1405	2,10	2,0	$2,16 \cdot 10^{13}$
1417	2,13	1,1	$1,20 \cdot 10^{13}$
1423	1,97	2,0	$2,00 \cdot 10^{13}$
1462	1,68	2,0	$1,67 \cdot 10^{13}$
1471	1,89	2,0	$1,86 \cdot 10^{13}$
1490	1,93	1,1	$1,03 \cdot 10^{13}$
1506	1,97	2,0	$1,89 \cdot 10^{13}$
1554	1,86	1,1	$9,55 \cdot 10^{12}$

Aufgrund anderer elementarkinetischer Untersuchungen zum thermischen Zerfall von cC_6H_{12} ist davon auszugehen, dass cC_6H_{12} im einleitenden Reaktionsschritt zu $1\text{-}C_6H_{12}$ umgesetzt wird. Wenn cC_6H_{12} ausschließlich zu $1\text{-}C_6H_{12}$ isomerisiert ist demzufolge davon auszugehen, dass sich mit dem gleichen Reaktionsmodell sowohl der thermische Zerfall von $1\text{-}C_6H_{12}$ als auch die cC_6H_{12}-Pyrolyse beschreiben lassen. In Abbildung 5.31 ist das benutzte Reaktionsmodell graphisch dargestellt:

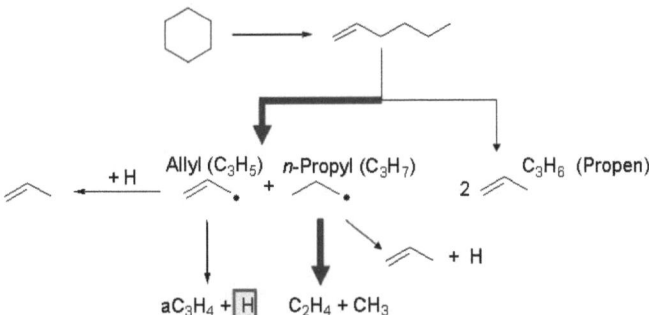

Abbildung 5.31: Vereinfachtes Reaktionsmodell mit dem die gemessenen H-Atom-Profile sowohl der $1\text{-}C_6H_{12}$- als auch die der cC_6H_{12}-Experimente interpretiert wurden.

Hierbei handelt es sich um ein vereinfachtes Reaktionsschema bei dem nicht alle Folgereaktionen gezeigt sind. Da cC_6H_{12} im Vergleich zu $1\text{-}C_6H_{12}$ die thermisch stabilere Verbindung ist, gehen bei vergleichbaren Zeiten aus dem thermischen Zerfall von cC_6H_{12} geringere Teilchenzahldichten an H-Atomen hervor als beim thermischen Zerfall von $1\text{-}C_6H_{12}$. Dies ist Abbildung 5.32 illustriert.

5. Untersuchte Reaktionen

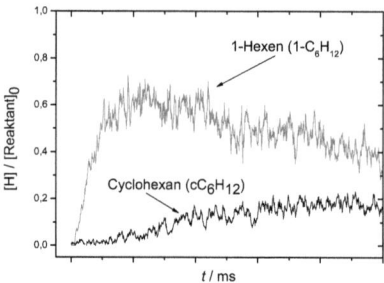

Abbildung 5.32: Vergleich von [H]/[Reaktant]$_0$-Verhältnissen für (i) 1-C$_6$H$_{12}$: T_5 = 1353 K, p_5 = 1,86 bar; [1-C$_6$H$_{12}$]$_0$ = 2,39·10^{13} cm^{-3} (2,4 ppm) und (ii) cC$_6$H$_{12}$: T_5 = 1367 K, p_5 = 1,92 bar; [cC$_6$H$_{12}$]$_0$ = 2,03·10^{13} cm^{-3} (2,0 ppm).

Abbildung 5.32 zeigt, dass bei ähnlichen Bedingungen (Druck und Temperatur) der 1-Hexen-Zerfall zu einer größeren Konzentration an gebildeten H-Atomen führt als der thermische Zerfall von cC$_6$H$_{12}$.

In dem vorhergehenden Abschnitt wurde beschrieben wie aus den Modellierungen der 1-C$_6$H$_{12}$-Experimente Werte für $k(T)$ für die Dissoziation von 1-C$_6$H$_{12}$ (R$_{5.44}$) abgeleitet wurden. Diese Prozedur lässt sich prinzipiell auch auf die Auswertung der cC$_6$H$_{12}$-Experimente übertragen, d.h., dass man basierend auf dem in Tabelle 5.7 gezeigten Reaktionsmodell versucht, durch Anpassen der $k(T)$-Werte für die Reaktion cC$_6$H$_{12}$ $\rightleftharpoons$ 1-C$_6$H$_{12}$ (R$_{5.43}$) für jedes einzelne cC$_6$H$_{12}$-Experiment die größtmögliche Übereinstimmung zwischen berechneten und gemessenen Profilen zu erzielen. Dass diese Vorgehensweise gerechtfertigt ist, zeigt die in Abbildung 5.33 präsentierte Störungssensitivitätsanalyse für ein cC$_6$H$_{12}$-Experiment. Für diese Analyse wurden die $k(T)$-Werte der im Reaktionsmodell enthaltenen Reaktionen jeweils mit dem Faktor 0.5 multipliziert. Die Abweichungen der H-Profile gegenüber dem Referenzprofil ([H]$_{ref}$), die aus der Änderung von $k(T)$ für jede der Reaktionen resultieren, werden gegen die Reaktionsdauer aufgetragen. Die Analyse zeigt, dass die Reaktion R$_{5.43}$ über die gesamte Messzeit die Reaktion ist, die auf die Bildung von H-Atomen den größten Einfluss hat. An dieser Stelle muss darauf hingewiesen werden, dass für R$_{5.43}$ jedoch kein neuer Arrheniusausdruck abgeleitet wurde. Der Grund liegt darin, dass bei Verwendung des von Tsang [54] angegebenen Arrheniusausdruckes für die einleitende Cyclohexan-Isomerisierung R$_{5.43}$ bereits eine sehr gute Übereinstimmung zwischen berechneten und gemessenen H-Profilen vorliegt. Dies wird in Abbildung 5.34 verdeutlicht.

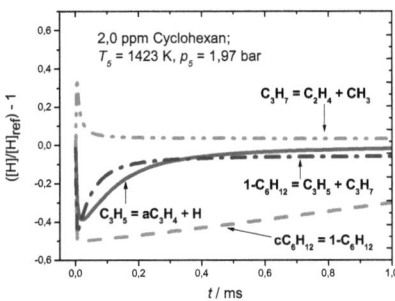

Abbildung 5.33: Störungssensitivitätsanalyse für cC_6H_{12}: $T_5 = 1423$ K, $p_5 = 1{,}97$ bar, $[cC_6H_{12}]_0 = 2{,}00 \cdot 10^{13}$ cm^{-3} (2,0 ppm).

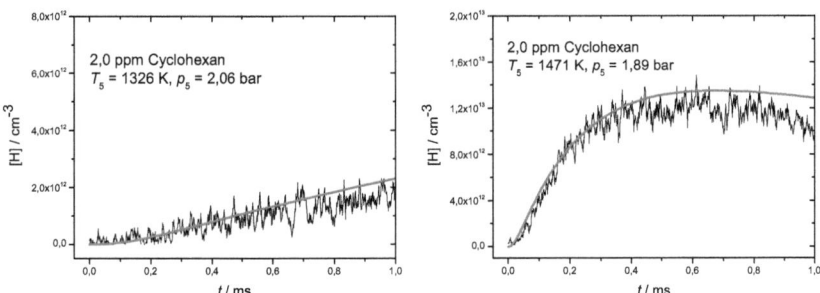

Abbildung 5.34: Gemessene H-Profile, die aus der Pyrolyse von cC_6H_{12} resultieren. Durchgezogene Kurven: H-Profile berechnet mit dem in Tabelle 5.7 gezeigten Reaktionsmodell.

Die in dieser Arbeit ausgeführten Experimente zur cC_6H_{12}-Pyrolyse erlauben es nicht einen Ausdruck für $k_{R5.43}(T)$ abzuleiten, der eine bessere Übereinstimmung zwischen experimentellen und berechneten H-Atom-Profilen erlaubt.

Aus der Steigung der gemessenen H-Atom-Profile lassen sich Werte für die Geschwindigkeitskoeffizienten der globalen Bildung von H-Atomen ableiten. Zu diesem Zweck wird von einem einfachen global-kinetischen Ansatz ausgegangen: $cC_6H_{12} \rightarrow$ Produkte + H; für diese Globalreaktion lässt sich ein Geschwindigkeitsgesetz aufstellen, mit dem sich Geschwindigkeitskoeffizienten k_{global} für die globale Bildung von H-Atomen ableiten lassen:

$$\left(\frac{d[H]}{dt}\right) = k_{global} \cdot [cC_6H_{12}]_0 \,. \quad (5.5)$$

Aus den gemessenen H-Atom-Profilen erhält man die Geschwindigkeit der Bildung von H-Atomen *(d[H]/dt)* durch lineare Regression des Anstiegs der H-Atom-Konzentration. $[cC_6H_{12}]_0$

5. Untersuchte Reaktionen

kennzeichnet die Ausgangskonzentration an cC_6H_{12}. Es ist zu beachten, dass der thermische Zerfall von cC_6H_{12} nur zeitverzögert H-Atome freisetzt, weil die H-Atome erst in einer Folgereaktion, dem Zerfall von Allyl-Radikalen, freigesetzt werden. In Abbildung 5.35 ist eine solche lineare Anpassung beispielhaft an einem H-Atom-Profil gezeigt.

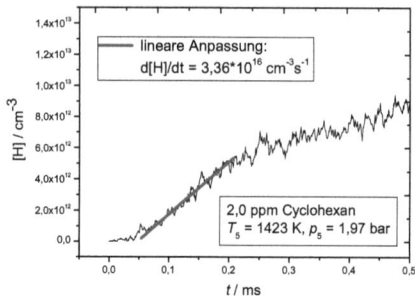

Abbildung 5.35: Lineare Anpassung an ein Signal mit verspätetem Anstieg der H-Atom-Konzentration.

Da $(d[H]/dt)$ aus den Experimenten bestimmt wird und $[cC_6H_{12}]_0$ aus den gaschromatographischen Analysen bekannt ist, lassen sich mittels Gleichung (5.5) aus den einzelnen Experimenten k_{global}-Werte bestimmen. Diese können dann wiederum gegen die inverse Reaktionstemperatur aufgetragen werden und man erhält ein Arrhenius-Diagramm aus dem sich für die globale Bildung von H-Atomen die Arrhenius-Parameter ableiten lassen (siehe Abbildung 5.36). Bezüglich der globalen H-Atom-Bildung wurde der folgende Ausdruck für $k_{global}(T)$ abgeleitet: $k_{global}(T) = 4{,}7 \cdot 10^{16}$ $\exp(-44481\ K/T)\ s^{-1}$; $E_a = 88{,}4$ kcal mol^{-1}.

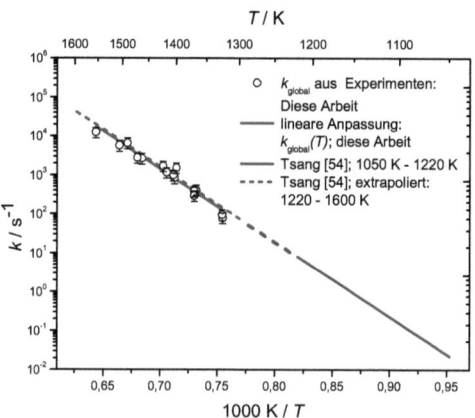

Abbildung 5.36: Vergleich zwischen (i) Geschwindigkeitskoeffizienten für globale H-Atom-Bildung – diese Arbeit und (ii) $k(T)$-Werte für die einleitende Isomerisierung $cC_6H_{12} \rightleftharpoons 1\text{-}C_6H_{12}$ (R$_{5.43}$) von Tsang [54].

5. Untersuchte Reaktionen

Anhand von Abbildung 5.36 kann man erkennen, dass zwischen den $k_{global}(T)$-Werten dieser Arbeit und den $k_{R5.43}(T)$-Werte von Tsang eine gute Übereinstimmung vorliegt. Die in Abbildung 5.33 dargestellte Störungssensitivitätsanalyse deutet allerdings darauf hin, dass auch die Reaktionen $R_{5.44}$ (1-C_6H_{12} ⇌ C_3H_5 + C_3H_7) und $R_{5.46}$ (C_3H_5 ⇌ aC_3H_4 + H) zumindest bis zu Reaktionsdauern von ca. 200 µs einen signifikanten Einfluss auf die Bildung von H-Atomen haben. Dennoch lassen sich die abgeleiteten $k_{global}(T)$-Werte mit der einleitenden Reaktion $R_{5.43}$ korrelieren. Die beschriebene Vorgehensweise, aus der linearen Regression des Anstiegs der H-Atom-Konzentration $k_{global}(T)$-Werte abzuleiten, basiert auf dem Prinzip des quasistationären Zustands. Eine Voraussetzung für die Anwendung der Näherung des quasistationären Zustands besteht darin, dass für ein Intermediat X gilt: dX/dt ≈ 0, d. h. dass diese Spezies eine quasistationäre Konzentration erreicht haben muss. Der Zeitraum, in dem die Konzentration des reaktiven Intermediats ansteigt, wird als Induktionsperiode bezeichnet und in dieser Periode ist die Näherung des quasistationären Zustands nicht gültig. Daher wurde zur Ermittlung von $k_{global}(T)$-Werten nicht der Anfangsanstieg der H-Atom-Konzentration berücksichtigt. Bei den cC_6H_{12}-Experimenten kann man bei Temperaturen von T_5 < 1400 K eine ausgeprägte Induktionsperiode beobachten, da bei diesen Temperaturen die Reaktionen, die zur Bildung der Intermediate 1-C_6H_{12} und C_3H_5 führen, relativ langsam sind. Eine weitere Voraussetzung für die Gültigkeit der Näherung des quasistationären Zustands liegt darin, dass die Bildung eines Intermediats X langsam abläuft im Vergleich zur Folgereaktion, bei der aus der Spezies X ein Produkt Y gebildet wird. Wenn diese Voraussetzung zutrifft, stellt die zum Intermediat X führende Reaktion den geschwindigkeitsbestimmenden Schritt für die Bildung eines Produktes Y dar. Übertragen auf die Cyclohexan-Experimente bedeutet das, dass die Geschwindigkeit der einleitenden Cyclohexan-Isomerisierung $R_{5.43}$ den geschwindigkeitsbestimmenden Schritt für die Bildung von H-Atomen darstellt.

Wenn man die Reaktionssequenz $R_{5.43}$ → $R_{5.44}$ → $R_{5.46}$ betrachtet, so stellt man fest, dass die Cyclohexan-Isomerisierung $R_{5.43}$ in dieser Abfolge die Reaktion mit den niedrigsten Geschwindigkeitskoeffizienten ist. In Abbildung 5.37 ist ein Arrhenius-Diagramm dargestellt, in dem die Geschwindigkeitskoeffizienten der Reaktionen $R_{5.43}$, $R_{5.44}$ und $R_{5.46}$ miteinander verglichen werden.

5. Untersuchte Reaktionen

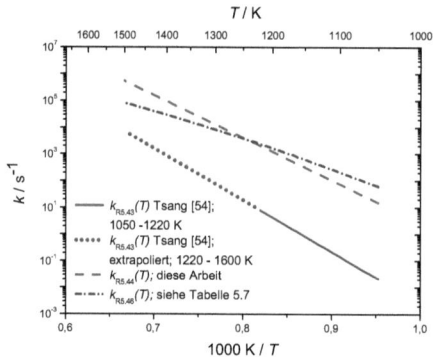

Abbildung 5.37: Vergleich zwischen den Geschwindigkeitskoeffizienten der Reaktionen $R_{5.43}$, $R_{5.44}$ und $R_{5.46}$. Unter den Bedingungen der in dieser Arbeit durchgeführten cC_6H_{12}-Experimente (1300 K $< T_5 <$ 1560 K; $p_5 \approx$ 2 bar) ist $R_{5.43}$ eindeutig die Reaktion mit den niedrigsten $k(T)$-Werten.

Da die Reaktion $R_{5.43}$ die niedrigste Reaktionsgeschwindigkeit hat, kontrolliert die Geschwindigkeit von $R_{5.43}$ somit auch die Bildungsrate von C_3H_5-Radikalen und damit indirekt auch die Rate, mit der H-Atome gebildet werden. Somit lässt sich hinsichtlich der Bildung von H-Atomen die einleitende Reaktion $cC_6H_{12} \rightleftharpoons 1\text{-}C_6H_{12}$ als geschwindigkeitsbestimmender Reaktionsschritt auffassen und somit bestätigt Abbildung 5.36, dass die von Tsang erhaltenen Resultate [54] gut mit den Ergebnissen dieser Arbeit zusammenpassen.

Wenn man jedoch bezüglich $R_{5.43}$ die in der Literatur zu findenden Geschwindigkeitskoeffizienten miteinander vergleicht, so zeigen sich zwischen einzelnen Literaturangaben Differenzen. Abbildung 5.38 zeigt einen Vergleich zwischen verschiedenen Literaturwerten von $k(T)$ für $R_{5.43}$. Mittels RRKM-Rechnungen berechneten Kiefer und Mitarbeiter [57] die $k_{R5.43}(T)$-Werte für den Hochdruck-Grenzfall sowie $k_{R5.43}(T)$-Werte für die Bedingungen von Tsangs Stoßwellen-Experimenten. Hinsichtlich des Hochdruck-Grenzfalls stimmen die von Kiefer et al. ermittelten $k(T)$-Werte gut mit den von Sirjean et al. berechneten Werten überein. Gemäß den RRKM-Rechnungen von Kiefer et al. sollte $R_{5.43}$ unter den experimentellen Bedingungen von Tsang im *Fall-Off*-Bereich sein. Im Vergleich zu den von Tsang experimentell ermittelten $k_{R5.43}(T)$-Werten sind die von Kiefer et al. berechneten jedoch um mehr als einen Faktor 2 größer. Gemäß Kiefer et al. sei diese Differenz auf einen systematischen Fehler bei der Bestimmung der Reaktionstemperaturen in Tsangs Stoßwellen-Experimenten zurückzuführen, z.B. könnten die Reaktionstemperaturen systematisch um 15 – 40 K unterschätzt worden sein. In der Einleitung wurde erörtert, dass bei den Single-Pulse-Stoßwellen-Experimenten von Tsang zu den Reaktionsgasmischungen eine Substanz hinzugeführt wurde, die als chemisches Thermometer verwendet wird. Bei diesen Experimenten handelte es sich bei dem chemischen Thermometer um Methyl-Cyclohexen ($CH_3\text{-}C_6H_{11}$). Aus der gemessenen Konzentration der Zerfallsprodukte der $CH_3\text{-}C_6H_{11}$-Pyrolyse wurde abgeleitet wie schnell der thermische Zerfall dieses chemischen Thermometers ablief und damit konnte dann auf die Reaktionstemperatur zurückgerechnet werden. Um zuverlässige Reaktionstemperaturen ermitteln zu können, erfordert diese Methode eine sehr gut untersuchte Kinetik des thermischen Zerfalls des chemischen Thermometers. Unsicherheiten hinsichtlich der $k(T)$-Werte für den Zerfall von CH_3-C_6H_9 zu Isopren (C_5H_8) und C_2H_4 um 30 – 50% können bei den zu berechnenden Reaktionstemperaturen zu systematischen Fehlern von 15 – 40 K führen.

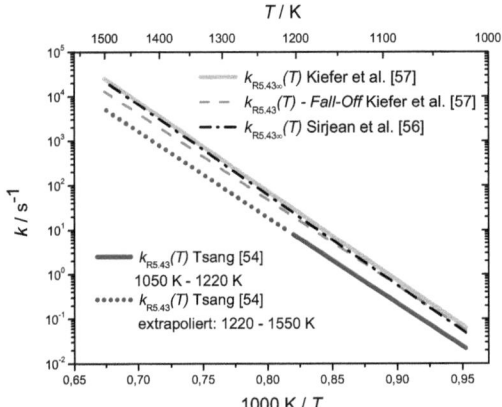

Abbildung 5.38: Vergleich zwischen Geschwindigkeitskoeffizienten für Reaktion $R_{5.43}$ ($cC_6H_{12} \rightleftharpoons$ l-C_6H_{12}): (i) Resultate von Tsang, (ii) berechnete $k(T)$-Werte von Kiefer et al. [57] für a) den Hochdruck-Grenzfall ($k_{R5.43\infty}(T)$) und b) für die Bedingungen von Tsangs Experimenten ($k_{R5.43}(T)$-*Fall-Off*) und (iii) berechneter Hochdruck-Grenzfall ($k_{R5.43\infty}(T)$) von Sirjean et al. [56].

In Abbildung 5.34 kann man erkennen, dass die Verwendung des von Tsang angegebenen Arrheniusausdrucks für die Reaktion $R_{5.43}$ dazu führt, dass sich die gemessenen H-Atom-Profile reproduzieren lassen. Wenn man hingegen die von Kiefer et al. berechneten $k_{R5.43}(T)$-*Fall-Off*-Werte benutzen würde, so würde dies dazu führen, dass das in Tabelle 5.7 gezeigte Reaktionsmodell eine deutlich zu hohe Bildungsrate an H-Atomen vorhersagt. In Abbildung 5.39 ist der Einfluss der Cyclohexan-Isomerisierung $R_{5.43}$ veranschaulicht.

5. Untersuchte Reaktionen

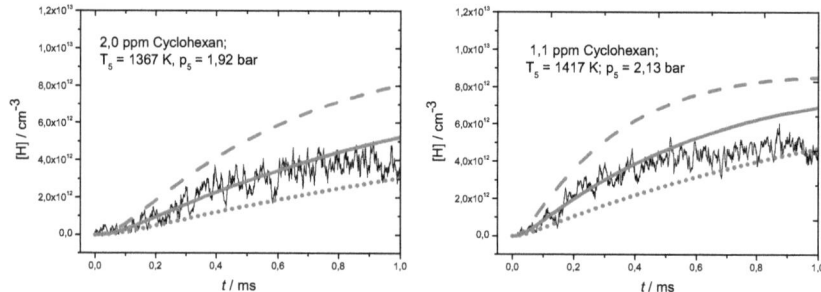

Abbildung 5.39: Gemessene H-Atom-Profile, die aus der Pyrolyse von cC_6H_{12} resultieren. Vergleich zwischen gemessenen und berechneten H-Profilen. Durchgezogene Kurven: Profile berechnet mit dem in Tabelle 5.7 gezeigten Reaktionsmechanismus; gestrichelte Kurve: wie durchgezogene Kurve aber berechnet mit $k_{R5.43}(T) \cdot 0{,}5$; punktierte Kurve: wie durchgezogene Kurve aber berechnet mit $k_{R5.43}(T) \cdot 2{,}0$.

Eine Verdopplung von $k_{R5.43}(T)$ würde zu einer beträchtlichen Überschätzung der berechneten Bildung von H-Atomen führen. Die von Kiefer et al. aus den RRKM-Rechnungen erhaltenen $k_{R5.43}(T)$-Fall-Off-Werte sind um mehr als einen Faktor 2 größer als die von Tsang abgeleiteten $k_{R5.43}(T)$-Werte. Daher scheint es bezüglich der $k(T)$-Werte für $R_{5.43}$ eine reale Diskrepanz zu geben, die sich nicht alleine mit experimentellen Ungenauigkeiten erklären lässt. Bei den durchgeführten H-ARAS-Stoßwellen-Experimenten wurden die Reaktionstemperaturen, also die Temperaturen hinter der reflektierten Stoßwelle, mit einer ganz anderen Methode ermittelt als bei den Single-Pulse-Stoßwellen-Experimenten von Tsang (siehe Abschnitt 4, Experimenteller Aufbau). Insofern erscheint es sehr unwahrscheinlich, dass in zwei sich methodisch stark voneinander unterscheidenden Arbeiten der gleiche systematische Fehler hinsichtlich der Berechnung der Reaktionstemperaturen aufgetreten ist. Auch wenn die von Kiefer erhaltenen $k(T)$-Werte für $R_{5.43}$ zu den gemessenen H-Atom-Profilen in Widerspruch stehen bedeutet das nicht, dass die Druckabhängigkeit von $R_{5.43}$ vernachlässigbar ist. Die in den Referenzen [54] und [57] angegebenen Aktivierungsenergien von $R_{5.43}$ sind sehr ähnlich: 88,4 kcal mol^{-1} in Referenz [54] und 91,9 kcal mol^{-1} in Referenz [57]. Die Diskrepanz zwischen den $k(T)$-Werten wird durch den beträchtlichen Unterschied zwischen den prä-exponentiellen Faktoren hervorgerufen: $5{,}0 \cdot 10^{16}$ s^{-1} in Referenz [54] und $8{,}8 \cdot 10^{17}$ s^{-1} in Referenz [57]. Über die Ursache dieser Diskrepanz kann derzeit keine zufriedenstellende Erklärung angegeben werden.

Zusammenfassend lässt sich feststellen, dass mit dem in Tabelle 5.7 gezeigten Reaktionsmodell sowohl die cC_6H_{12}- als auch die $1\text{-}C_6H_{12}$-Experimente konsistent interpretiert und reproduziert werden können. Somit bestätigen die H-ARAS-Experimente, dass davon auszugehen ist, dass cC_6H_{12} im einleitenden Zerfalls-Schritt nahezu ausschließlich zu $1\text{-}C_6H_{12}$ umgesetzt wird. Aus den Modellierungen der $1C_6H_{12}$-Experimente wurde für die Dissoziation von $1\text{-}C_6H_{12}$ ($1\text{-}C_6H_{12} \rightleftharpoons C_3H_5 + C_3H_7$) ein Arrhenius-Ausdruck abgeleitet, der sowohl mit den Ergebnissen von Tsang als auch mit denen von Kiefer et al. in Einklang steht. Die Experimente zeigen, dass die Wahl der

5. Untersuchte Reaktionen

Geschwindigkeitskoeffizienten für den Allylzerfall $R_{5.46}$ ($C_3H_5 \rightleftarrows aC_3H_4 + H$) die Modellierungen der 1-C_6H_{12}-Experimente erheblich beeinflusst. Darüber hinaus wurde die bimolekulare Reaktion $R_{5.49}$ als weitere relevante Folgereaktion identifiziert. Indem für die Reaktion $cC_6H_{12} \rightleftarrows$ 1-C_6H_{12} ($R_{5.43}$) der von Tsang angegebene $k(T)$-Wert benutzt wurde, konnten die cC_6H_{12}-Experimente reproduziert werden. Wenn man die von Kiefer et al. angegebenen $k_{R5.43}(T)$-*Fall-Off*-Werte für die Modellierung der cC_6H_{12}-Experimente heranziehen würde, so müssten die $k(T)$-Werte für die 1-C_6H_{12}-Dissoziation und die für den Allyl-Zerfall dermaßen stark angepasst werden, dass es nicht mehr möglich wäre, sowohl die cC_6H_{12}- als auch die 1-C_6H_{12}-Experimente konsistent mit *einem* Reaktionsmodell zu erklären.

5. Untersuchte Reaktionen

5.3 Die Reaktion von Cyclohexan mit Wasserstoff-Atomen

5.3.1 Einleitung

In den Abschnitten 5.1 und 5.2 wurden jeweils Untersuchungen zur Pyrolyse von Brennstoffen behandelt. Die Oxidation von Kohlenwasserstoffen hingegen erfolgt über Reaktionen unter Beteiligung von Radikalen bzw. intermediären Zersetzungsprodukten. Unter verbrennungstechnisch relevanten Bedingungen sowie unter atmosphärenchemisch relevanten Bedingungen stellen Abstraktionsreaktionen unter Beteiligung von OH-Radikalen die wichtigsten Kettenfortpflanzungen dar. Unter pyrolytischen Bedingungen jedoch, d.h. bei Verbrennungsprozessen die unter weitgehendem Ausschluss von Luft durchgeführt werden, sind H-Atome die Spezies, die für Kettenfortpflanzungen und Kettenverzweigungen maßgeblich sind. Dementsprechend sind in pyrolytischen Prozessen Abstraktionsreaktionen unter Beteiligung von H-Atomen wichtige Reaktionen. Aufgrund der bereits erläuterten Bedeutung von Cyclohexan (cC_6H_{12}) als Modelltreibstoff-Komponente wurde außer der Pyrolyse dieser Spezies auch deren Reaktion mit H-Atomen elementarkinetisch untersucht.

In der Fachliteratur liegen keine Veröffentlichungen über direkte experimentelle kinetische Untersuchungen der Reaktion $cC_6H_{12} + H \rightarrow$ Produkte unter verbrennungstechnisch relevanten Bedingungen vor. Verbrennungstechnisch relevant heißt bei Temperaturen oberhalb von 800 K. Bei der Reaktion von H-Atomen mit cC_6H_{12} entstehen als Produkte molekularer Wasserstoff und Cyclohexyl-Radikale (cC_6H_{11}):

$$cC_6H_{12} + H \rightarrow cC_6H_{11} + H_2. \qquad (R_{5.57})$$

Bezüglich Reaktion $R_{5.57}$ wurde von Walker ein $k(T)$-Ausdruck angegeben, der das Ergebnis einer Abschätzung ist [72]. Von Walker und Baldwin wurden jedoch später für Abstraktionsreaktionen von anderen Kohlenwasserstoffen unter Beteiligung von OH- und H-Radikalen in verschiedenen experimentellen Untersuchungen Geschwindigkeitskoeffizienten abgeleitet. In einer Reaktionszelle wurden verschiedene Gasmischungen von linearen und verzweigten Kohlenwasserstoffen mit H_2 und O_2 hergestellt [73]. Nach Erhitzen auf 753 K wurden zu verschiedenen Reaktionszeiten Proben entnommen und gaschromatographisch analysiert. Aus den gemessenen Produktverteilungen wurden für die Abstraktionsreaktionen vom Typ R-H + H / OH $\rightarrow$ R$^\bullet$ + H_2 / OH_2 (R-H: Kohlenwasserstoff) jeweils Geschwindigkeitskoeffizienten abgeleitet. Dabei stellten die Autoren fest, dass sich die Geschwindigkeitskoeffizienten von verschiedenen Abstraktionsreaktionen durch einen globalen Ausdruck der Form

$$k = A_p n_p + A_s n_s + A_t n_t \qquad (5.6)$$

beschreiben lassen, wobei n_p, n_s und n_t die Zahl der primären, sekundären und tertiären H-Atome im Kohlenwasserstoff-Molekül kennzeichnen. A_p, A_s und A_t sind jeweils spezifische Vorfaktoren für Reaktionen, in denen primäre, sekundäre oder tertiäre H-Atome abstrahiert werden. In Gleichung (5.6) entfällt der Zusammenhang $k(T)$, da Walker und Baldwin ihre Experimente bei konstanter

Temperatur (753 K) durchgeführt haben. Die Resultate der Arbeit von Walker und Baldwin veranlasste Cohen dazu, quantenchemische Untersuchungen zu Abstraktionsreaktionen durchzuführen [74 - 76]. Die Idee war festzustellen, ob sich die Geschwindigkeitskoeffizienten von Abstraktionsreaktionen R-H + H / O / OH → R• + H_2 / OH / OH_2 (R-H: lineare und verzweigte Kohlenwasserstoffe) auch unter Berücksichtigung der Temperaturabhängigkeit durch einen zu Gleichung (5.6) analogen Ausdruck verallgemeinern lassen:

$$k(T) = A_p\, n_p \exp(-E_{ap}/RT) + A_s\, n_s \exp(-E_{as}/RT) + A_t\, n_t \exp(-E_{at}/RT). \quad (5.7)$$

Auch hier kennzeichnen n_p, n_s und n_t die Zahl der primären, sekundären und tertiären H-Atome im Kohlenwasserstoff-Molekül und A_p, A_s und A_t sind wiederum jeweils Vorfaktoren für Reaktionen, in denen primäre, sekundäre oder tertiäre H-Atome abstrahiert werden. In der Arbeit, in der von Cohen Abstraktionsreaktionen vom Typ R-H + H → R• + H_2 untersucht worden sind [76], wurden auch für die Reaktion cC_6H_{12} + H → cC_6H_{11} + H_2 ($R_{5.57}$) $k(T)$-Werte berechnet. In Cohens Studie wurde davon ausgegangen, dass bei Reaktionen von n- und iso-Alkanen und den zyklischen Alkanen Cyclopropan (cC_3H_6) und cC_6H_{12} der Übergangszustand strukturell ähnlich zu demjenigen der Reaktion H + CH_4 → CH_3 + H_2 ist. Auf Grundlage dieser Näherung wurden für die Übergangszustände der jeweiligen Abstraktionsreaktionen Schwingungsfrequenzen berechnet. Basierend auf diesen Frequenzen können wiederum die Schwingungszustandssummen und damit auch die Geschwindigkeitskoeffizienten $k(T)$ berechnet werden. Für $R_{5.57}$ wurde mit den *ab initio*-TST-Rechnungen (*englisch*: Transition State Theory) folgender $k(T)$-Ausdruck erhalten: $k_{R5.57}(T) = 5{,}3 \cdot 10^3\, T^{2.3} \exp(-1510\,K/T)$ $cm^3 mol^{-1} s^{-1}$. Nachdem Cohen für alle betrachteten Abstraktionsreaktionen aus den *ab initio*-TST-Rechnungen $k(T)$-Ausdrücke ermittelt hatte, wurde gemäß Gleichung (5.7) der folgende globale $k(T)$-Ausdruck für Reaktionen vom Typ R-H + H → R• + H_2 abgeleitet:

$$\begin{aligned}k(T) = {}& 5{,}4 \cdot 10^3\, n_p\, (T/K)^{2.0} \exp(-3540\,K/T) \\& + 4{,}7 \cdot 10^3\, n_s\, (T/K)^{2.2} \exp(-2670\,K/T) \\& + 3{,}7 \cdot 10^3\, n_t\, (T/K)^{2.0} \exp(-970\,K/T).\end{aligned} \quad (5.8)$$

Dabei bezeichnen n_p, n_s und n_t die Zahl der primären, sekundären und tertiären H-Atome im betreffenden Kohlenwasserstoff. Man spricht bei diesem globalen Ausdruck für $k(T)$ auch von einer regelbasierten Näherung. Dieser Terminus bezieht sich darauf, dass sich ähnlich verlaufende Reaktionen prinzipiell klassifizieren lassen und zu jeder Klasse von Reaktionen kann dann basierend auf Experimenten oder vergleichenden quantenchemischen Rechnungen ein globaler Ausdruck von $k(T)$ formuliert werden, der im Idealfall auf alle Reaktionen einer Klasse angewendet werden kann. cC_6H_{12} hat 12 sekundäre H-Atome, d.h. n_s = 12 und n_p = n_t = 0. Somit ergibt sich gemäß Gleichung (5.8) für die Reaktion $R_{5.57}$ der folgende Arrheniusausdruck: $k_{R5.57}(T) = 5{,}6 \cdot 10^4\, (T/K)^{2.2} \exp(-2640\,K/T)$ $cm^3 mol^{-1} s^{-1}$.

In einer weiteren Arbeit von Carstensen und Dean [77] wurde versucht, analog zu Cohens Arbeit [76] eine regelbasierte Näherung für Abstraktionsreaktionen vom Typ R-H + H → R• + H_2 abzuleiten. Carstensen und Dean haben die Klasse der Reaktionen R-H + H → R• + H_2 in Unterklassen

aufgeteilt um den unterschiedlichen Reaktivitäten von n- und iso-Alkanen sowie zyklischen Kohlenwasserstoffen Rechnung zu tragen. Mittels der CBS-QB3-Methode wurden für die Übergangszustände jeder einzelnen betrachteten Abstraktionsreaktion Schwingungsfrequenzen und Trägheitsmomente berechnet, wobei im Gegensatz zu Cohen nicht davon ausgegangen wurde, dass die Übergangszustände ähnlich demjenigen der Reaktion $CH_4 + H \rightarrow CH_3 + H_2$ sind. Aus den erhaltenen Daten wurden schließlich mittels der TST-Theorie wiederum $k(T)$-Werte für jede einzelne Reaktion berechnet. Für die Reaktion $R_{5.57}$ wurde aus den *ab initio*-TST-Rechnungen der folgende Arrhenius-Ausdruck erhalten: $k_{R5.57}(T) = 1,3 \cdot 10^7 \, (T/K)^{2.0} \exp(-2768 \, K/T) \, cm^3 mol^{-1} s^{-1}$.
Durch eine Prozedur von Mittelungen wurden zu jeder Klasse von Abstraktionsreaktionen regelbasierte Näherungen abgeleitet. Für die Gruppe der Abstraktionsreaktionen von zyklischen Alkanen wurde die folgende regelbasierte Näherung erhalten:

$$k(T) = n_H \, 3,8 \cdot 10^7 \, (T/K)^{1.86} \exp(-2818 \, K/T). \qquad (5.9)$$

n_H kennzeichnet die Zahl der H-Atome im zyklischen Kohlenwasserstoff. Für cC_6H_{12} ist $n_H = 12$ und somit ist $k(T)$ für die Reaktion $cC_6H_{12} + H \rightarrow cC_6H_{11} + H_2$ wie folgt:
$k_{R5.57}(T) = 4,6 \cdot 10^8 \, (T/K)^{1.86} \exp(-2818 \, K/T) \, cm^3 mol^{-1} s^{-1}$. In Abbildung 5.40 werden die in der Literatur zu findenden Werte für $k_{R5.57}(T)$ miteinander verglichen.

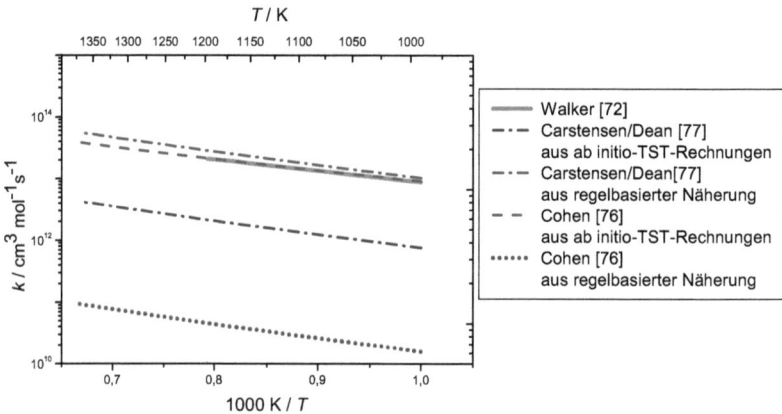

Abbildung 5.40: Vergleich zwischen in der Literatur zu findenden Geschwindigkeitskoeffizienten zur Reaktion $R_{5.57}$. Alle hier gezeigten $k_{R5.57}(T)$-Werte sind das Ergebnis von Abschätzungen oder Rechnungen.

Abbildung 5.40 zeigt, dass die von Cohen aus den *ab initio*-TST-Rechnungen erhaltenen $k_{R5.57}(T)$-Werte (gestrichelte Kurve), sowie die Abschätzung von Walker (durchgezogene Kurve) und der $k_{R5.57}(T)$-Ausdruck von Dean und Carstensen (obere gestrichelt-punktierte), der aus ihrer regelbasierten Näherung erhalten wurde, ziemlich gut übereinstimmen. Die von Dean und Carstensen aus ihren *ab initio*-TST-Rechnungen ermittelten $k_{R5.57}(T)$-Werte sind um ca. eine Größenordnung niedriger und eine sehr auffällige Abweichung liegt bei den von Cohen erhaltenen $k_{R5.57}(T)$-Werten vor, die aus seiner regelbasierten Näherung erhalten werden. Somit kann man erkennen, dass bezüglichen der Absolutwerte der Geschwindigkeitskoeffizienten zur Reaktion $R_{5.57}$ z.T. erhebliche Differenzen vorliegen, weswegen es u.a. auch dadurch sinnvoll ist, diese Reaktion bei verbrennungstechnisch relevanten Temperaturen experimentell zu untersuchen.

Ein weiterer interessanter Aspekt, der auch die Interpretation der H-ARAS-Experimente erheblich erschwert, besteht darin, dass die Untersuchungen zur Reaktion $cC_6H_{12} + H \rightarrow cC_6H_{11} + H_2$ zugleich auch prinzipiell die Möglichkeit eröffnen, Informationen über den Ablauf des thermischen Zerfalls von cC_6H_{11}-Radikalen zu gewinnen.

5.3.2 Ergebnisse und Diskussion: Reaktion von Cyclohexan mit Wasserstoff-Atomen

Um die Abstraktionsreaktion $cC_6H_{12} + H \rightarrow cC_6H_{11} + H_2$ untersuchen zu können, wurden 25 Experimente (siehe Tabelle 5.11) durchgeführt. Als *in situ*-Quelle für die H-Atome wurde Iodethan (C_2H_5I) eingesetzt. Da die C-I-Bindung mit einer Bindungsenergie von ca. 50 kcal mol^{-1} um etwa 30 kcal mol^{-1} schwächer ist als eine C-C-Bindung und um ca. 45 kcal mol^{-1} schwächer als eine C-H-Bindung, erfolgt der thermische Zerfall des C_2H_5I ausschließlich über einen C-I-Bindungsbruch ($R_{5.58}$). Die dabei entstehenden Ethyl-Radikale (C_2H_5) dissoziieren unter Abspaltung von H-Atomen ($R_{5.59}$).

$$C_2H_5I \rightarrow C_2H_5 + I, \quad (R_{5.58})$$

$$C_2H_5 \rightarrow C_2H_4 + H. \quad (R_{5.59})$$

Bevor die Experimente zur Reaktion von $cC_6H_{12} + H$ durchgeführt wurden, wurde anhand einiger Experimente überprüft, ob die Produktion von H- und I-Atomen aus dem thermischen Zerfall von C_2H_5I korrekt reproduziert werden kann. Daher wurde bei diesen Stoßwellenexperimenten simultan zur H-ARAS- auch die I-ARAS-Methode angewendet. Die Kinetik des thermischen Zerfalls von C_2H_5I wurde u.a. von Yang und Conway [78], Wintergerst [79], Herzler [80], Kumaran et al. [26] sowie von Bentz [28] untersucht. Der thermische Zerfall von C_2H_5I lässt sich durch den in Tabelle 5.10 gezeigten Reaktionsmechanismus beschreiben:

5. Untersuchte Reaktionen

Tabelle 5.10: Reaktionsmechanismus zum thermischen Zerfall von C_2H_5I. Parametrisierung: $k(T) = A\,(T/K)^n \exp(-E_a/RT)$; Einheiten: cm^3, s^{-1}, mol^{-1}, K

Nr.	Reaktion	A	n	E_a/R	Quelle
$R_{5.58}$	$C_2H_5I \rightleftharpoons C_2H_5 + I$	$7{,}0 \cdot 10^{12}$	0,0	22810	[28]
$R_{5.59}$	$C_2H_5 + Ar \rightleftharpoons C_2H_4 + H + Ar$	$1{,}0 \cdot 10^{18}$	0,0	16800	[70]
$R_{5.71}$	$H + I + Ar \rightarrow HI + Ar$	$2{,}1 \cdot 10^{10}$	0,5	21997	[81]
$R_{(-5.71)}$	$HI + Ar \rightarrow H + I + Ar$	$5{,}0 \cdot 10^{15}$	0,0	41000	[79]
$R_{5.72}$	$I_2 + Ar \rightarrow I + I + Ar$	$8{,}2 \cdot 10^{13}$	0,0	15250	[82]
$R_{(-5.72)}$	$I + I + Ar \rightarrow I_2 + Ar$	$2{,}4 \cdot 10^{10}$	0,0	-754	[82]
$R_{5.73}$	$H + HI \rightarrow H_2 + I$	$4{,}5 \cdot 10^{13}$	0,0	290	[83]
$R_{5.74}$	$H_2 + M \rightleftharpoons H + H + M$	$2{,}2 \cdot 10^{14}$	0,0	48309	[25]

Von Yang und Conway wurde die C_2H_5I-Pyrolyse in einem Strömungsreaktor bei Temperaturen von rund 770 K untersucht. Für $R_{5.58}$ wurden die folgenden Arrhenius-Parameter abgeleitet: $k_{R5.58}(T) = 4{,}5 \cdot 10^{13} \exp(-25200\,K/T)$ s^{-1}. Von Herzler und Wintergerst wurde anhand von H-ARAS- und I-ARAS-Stoßwellenexperimenten gezeigt, dass C_2H_5I oberhalb von Temperaturen von 1200 K fast instantan zerfällt und sich als *in situ*-Quelle für H-Atome eignet. Unter Verwendung des von Yang und Conway ermittelten $k(T)$-Ausdrucks für $R_{5.58}$ konnten die von Herzler und Wintergerst gemessenen I-Atom- und H-Atom-Profile reproduziert werden.
Von Bentz wurde die C_2H_5I-Pyrolyse ebenfalls mittels H-ARAS- und I-ARAS-Stoßwellenexperimenten untersucht. Allerdings erstreckten sich in dieser Studie die Reaktionstemperaturen über einen deutlich ausgedehnteren Bereich von 950 – 1400 K. Bei Temperaturen unterhalb von 1200 K zerfällt C_2H_5I nicht mehr instantan. Unter diesen Bedingungen kann die zur Messung der Absorption von H- und I-Atomen verwendete Detektionstechnik den Anstieg der Konzentration von H- und I-Atomen zeitlich auflösen. Von Bentz wurden für die Experimente bei Temperaturen unterhalb von 1150 K aus dem Anstieg der H-Profile $k(T)$-Werte für die Reaktion $R_{5.58}$ ermittelt und aus diesen wiederum konnten Arrhenius-Parameter für $R_{5.58}$ abgeleitet werden: $k_{R5.58}(T) = 7{,}0 \cdot 10^{12} \exp(-22810\,K/T)$ s^{-1} (siehe Tabelle 5.10). Um die in der vorliegenden Arbeit bei Temperaturen unterhalb von 1200 K ausgeführten Stoßwellenexperimente korrekt wiedergeben zu können, muss der von Bentz gemessene Ausdruck für $k_{R5.58}(T)$ verwendet werden.

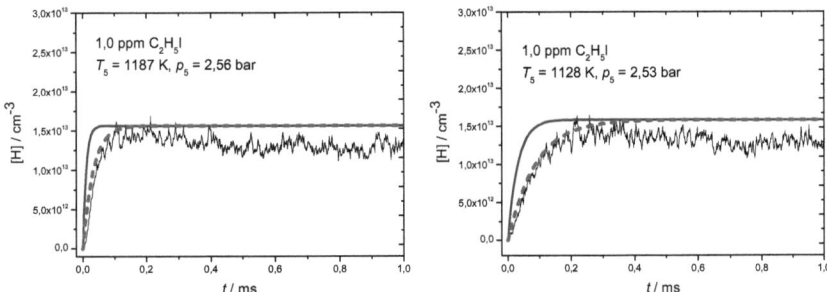

Abbildung 5.41: Vergleich von gemessenen und berechneten H-Profilen; die Profile wurden mit dem in Tabelle 5.10 gezeigten Reaktionsmodell berechnet. Durchgezogene Kurven: H-Profile berechnet mit $k_{R5.58}(T)$ von Yang und Conway [78]; gestrichelte Kurven: H-Profil berechnet mit $k_{R5.58}(T)$ von Bentz [28].

Man kann erkennen, dass die Verwendung des von Yang und Conway gemessenen und von Wintergerst und Herzler benutzten Ausdrucks für $k_{R5.58}(T)$ bei Temperaturen unterhalb von 1200 K bei Reaktionsdauern von unter 200 µs zu einer Überschätzung der Bildungsrate von H-Atomen führt. Wird hingegen in dem Reaktionsmodell zur C_2H_5I-Pyrolyse der von Bentz experimentell bestimmte $k(T)$-Ausdruck für $R_{5.58}$ eingesetzt, so lässt sich der Anstieg der gemessenen H-Profile korrekt reproduzieren. In Abbildung 5.42 sind zwei während eines Stoßwellenexperimentes simultan gemessene Profile dargestellt: Ein H-Profil (links) und das entsprechende I-Profil (rechts). Abbildung 5.42 verdeutlichen, dass bei Temperaturen oberhalb von 1200 K C_2H_5I unmittelbar zerfällt.

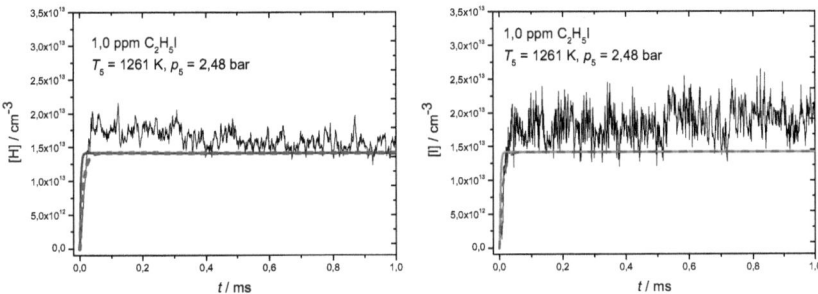

Abbildung 5.42: Vergleich von gemessenen und berechneten H- und I-Profilen; die Profile wurden mit dem in Tabelle 5.10 gezeigten Reaktionsmodell berechnet. *Links:* Durchgezogene Kurve: H-Profil berechnet mit $k_{R5.58}(T)$ von Yang und Conway [78]; gestrichelte Kurve: H-Profil berechnet mit $k_{R5.58}(T)$ von Bentz [28]. *Rechts:* Durchgezogene Kurve: I-Profil berechnet mit $k_{R5.58}(T)$ von Yang und Conway [78]; gestrichelte Kurve: I-Profil berechnet mit $k_{R5.58}(T)$ von Bentz [28].

5. Untersuchte Reaktionen

Bei diesen Bedingungen kann der Anstieg der H- und I-Atomkonzentrationen nicht mehr zeitlich aufgelöst werden, so dass es unerheblich wird, welcher Arrheniusausdruck aus der Literatur für $R_{5.58}$ für die Modellierungen der Experimente eingesetzt wird. Die C_2H_5I-Pyrolyse wurde im Rahmen der vorliegenden Arbeit nicht systematisch untersucht. Dennoch ist festzuhalten, dass die durchgeführten Stoßwellenexperimente die von Bentz erhaltenen Ergebnisse unterstützen.

Um die Reaktion von cC_6H_{12} mit H-Atomen untersuchen zu können, wurden Reaktionsgasmischungen von cC_6H_{12} und Iodethan verdünnt in Argon hergestellt. Daher ist es zwingend erforderlich, dass ein Reaktionsmodell, welches die H-ARAS-Experimente zur Reaktion von cC_6H_{12} mit H-Atomen wiedergeben soll, die in Tabelle 5.10 gezeigten Reaktionen enthält. Die Temperaturen der durchgeführten Stoßwellenexperimente umfassen einen Bereich von 1050 bis knapp 1200 K. Durch die Limitierung des Temperaturbereiches nach oben soll sichergestellt werden, dass cC_6H_{12} nicht dissoziieren kann bevor es überhaupt zur Reaktion mit H-Atomen kommt. Um zu bewerkstelligen, dass zumindest bei kurzen Messzeiten (t < 500 µs) die aus der C_2H_5I-Pyrolyse freigesetzten H-Atome mit cC_6H_{12} reagieren, muss in den Reaktionsgasmischungen cC_6H_{12} im Überschuss eingesetzt werden. Die Limitierung nach unten ergibt sich dadurch, dass bereits bei Temperaturen zwischen 1050 und 1000 K die Bildungsgeschwindigkeit von H-Atomen aus der C_2H_5I-Pyrolyse relativ langsam ist. cC_6H_{12} liegt in den Gasmischungen im Überschuss vor und intermolekulare Abstraktionsreaktionen laufen oft relativ schnell ab. Bei niedrigen Reaktionstemperaturen tritt die Situation ein, dass die aus dem C_2H_5I-Zerfall entstehenden H-Atome nur sehr langsam gebildet und gleichzeitig durch eine bimolekulare Folgereaktion schnell verbraucht werden. Man würde somit bei den H-ARAS-Experimenten nur ein schwaches Mess-Signal erhalten und die H-Profile ließen sich nicht mehr vernünftig auswerten. Die geschilderte Problematik beeinflusst darüber hinaus auch das Konzentrations-Verhältnis von $[C_2H_5I]_0/[cC_6H_{12}]_0$. Um aus den Experimenten für die Reaktion cC_6H_{12} + H → cC_6H_{11} + H_2 ($R_{5.57}$) unmittelbar Geschwindigkeitskoeffizienten ableiten zu können, sollte cC_6H_{12} im großen Überschuss vorliegen (mindestens 10:1). Da aber bei Temperaturen von ca. 1050 K C_2H_5I relativ langsam zerfällt, würde ein sehr großer Überschuss von cC_6H_{12} dazu führen, dass die gebildeten H-Atome sofort verbraucht werden und ebenfalls nur ein sehr schwaches Mess-Signal vorliegen würde. Somit wurden Reaktionsgasmischungen hergestellt, in denen das Verhältnis $[C_2H_5I]_0/[cC_6H_{12}]_0 \approx 1/3$ ist und somit deutlich größer als 1/10. Bei einem Verhältnis von cC_6H_{12} zu C_2H_5I von etwa 3:1 liegen keine Reaktionsbedingungen von pseudo-erster Ordnung vor. Daher lassen sich die Geschwindigkeitskoeffizienten zur Abstraktionsreaktion $R_{5.57}$ nur aus den Modellierungen der gemessenen H-Profile ableiten. Im Verlauf dieses Abschnittes wird dargelegt, dass das Ergebnis dieser Modellierungen maßgeblich von dem zugrunde gelegten Reaktionsmodell für den Zerfall der cC_6H_{11}-Radikale und von den $k(T)$-Werten relevanter Folgereaktionen beeinflusst wird. Tabelle 5.11 enthält eine Auflistung der zur Untersuchung der Abstraktionsreaktion durchgeführten Messungen sowie der jeweiligen Bedingungen.

Tabelle 5.11: Zusammenstellung der Reaktionsbedingungen für die Experimente zur Untersuchung der Reaktion $cC_6H_{12} + H \rightarrow cC_6H_{11} + H_2$.

T_5 / K	p_5 / bar	$[cC_6H_{12}]$ / ppm	$[cC_6H_{12}]$ / cm^{-3}	$[C_2H_5I]$ / ppm	$[C_2H_5I]$ / cm^{-3}
1042	2,01	18,7	$2,62 \cdot 10^{14}$	2,6	$3,64 \cdot 10^{13}$
1069	2,08	19,7	$2,78 \cdot 10^{14}$	2,3	$3,24 \cdot 10^{13}$
1069	2,26	19,7	$3,02 \cdot 10^{14}$	2,3	$3,52 \cdot 10^{13}$
1073	2,36	19,7	$3,14 \cdot 10^{14}$	2,3	$3,66 \cdot 10^{13}$
1073	2,18	19,7	$2,90 \cdot 10^{14}$	2,3	$3,39 \cdot 10^{13}$
1082	2,17	19,7	$2,86 \cdot 10^{14}$	2,3	$3,34 \cdot 10^{13}$
1091	2,32	19,7	$3,03 \cdot 10^{14}$	2,3	$3,54 \cdot 10^{13}$
1091	2,10	7,3	$1,02 \cdot 10^{14}$	1	$1,39 \cdot 10^{13}$
1095	1,93	9,3	$1,19 \cdot 10^{14}$	1,2	$1,53 \cdot 10^{13}$
1103	2,19	18,7	$2,69 \cdot 10^{14}$	2,6	$3,74 \cdot 10^{13}$
1104	2,19	7,1	$1,02 \cdot 10^{14}$	0,9	$1,29 \cdot 10^{13}$
1120	1,85	18,7	$2,24 \cdot 10^{14}$	2,6	$3,11 \cdot 10^{13}$
1122	2,26	18,7	$2,73 \cdot 10^{14}$	2,6	$3,80 \cdot 10^{13}$
1127	2,23	7,3	$1,04 \cdot 10^{14}$	1	$1,43 \cdot 10^{13}$
1132	1,84	18,7	$2,20 \cdot 10^{14}$	2,6	$3,06 \cdot 10^{13}$
1138	2,32	7,1	$1,05 \cdot 10^{14}$	1,2	$1,77 \cdot 10^{13}$
1143	2,03	1,1	$9,78 \cdot 10^{13}$	7,6	$1,42 \cdot 10^{13}$
1144	1,98	9,3	$1,16 \cdot 10^{14}$	1,2	$1,50 \cdot 10^{13}$
1146	2,35	19,6	$2,91 \cdot 10^{14}$	3,3	$4,90 \cdot 10^{13}$
1156	2,39	19,6	$2,93 \cdot 10^{14}$	3,3	$4,93 \cdot 10^{13}$
1167	2,00	18,5	$2,30 \cdot 10^{14}$	2,5	$3,10 \cdot 10^{13}$
1174	2,18	18,5	$2,49 \cdot 10^{14}$	2,5	$3,37 \cdot 10^{13}$
1178	2,28	18,5	$2,59 \cdot 10^{14}$	2,5	$3,50 \cdot 10^{13}$
1187	2,12	18,5	$2,39 \cdot 10^{14}$	2,5	$3,23 \cdot 10^{13}$
1189	2,43	18,5	$2,74 \cdot 10^{14}$	2,5	$3,70 \cdot 10^{13}$

In Zusammenhang mit der Pyrolyse von cC_6H_{12} wurde erwähnt, dass sich verschiedene Studien auch mit der Oxidation von cC_6H_{12} beschäftigt haben [52, 53]. In einer kürzlich veröffentlichten Studie wurde die Oxidation von cC_6H_{12} auch von Silke et al. [9] sowohl für hohe Temperaturen ($T > 1100$ K) als auch für „tiefe" Temperaturen ($T < 950$ K) untersucht und ein detaillierter Reaktionsmechanismus formuliert. Bei der Niedertemperaturoxidation reagieren die aus Abstraktionsreaktionen gebildeten cC_6H_{11}-Radikale mit O_2 zu Peroxiden. Für die Cyclohexyl-Peroxide ergeben sich wiederum verschiedene Möglichkeiten für intramolekulare H-Abstraktionen, wodurch verschiedene Hydro-Peroxide entstehen, die ihrerseits unterschiedliche Folgereaktionen eingehen können. Daraus resultieren viele Folgereaktionen und eine entsprechend hohe Komplexität des Reaktionsmodells. Bei hohen Temperaturen hingegen dissoziieren die aus den Abstraktionsreaktionen entstehenden

5. Untersuchte Reaktionen

cC_6H_{11}-Radikale, bevor es zu Rekombinationen mit O_2 kommen kann. Dadurch reduziert sich die Zahl der zu berücksichtigenden Folgereaktionen. Das in Abbildung 5.43 gezeigte Schema umfasst die Reaktionen, die von Silke et al. [9] zur Beschreibung des thermischen Zerfalls von cC_6H_{11}-Radikalen verwendet wurden. Die in Tabelle 5.10 gezeigten Reaktionen zum thermischen Zerfall von C_2H_5I wurden mit denen von Silke et al. zu einem Reaktionsmechanismus kombiniert, mit dem versucht wurde, die H-ARAS-Experimente zur Reaktion von cC_6H_{12} mit H-Atomen zu modellieren. Die thermodynamischen Daten der in Abbildung 5.43 enthaltenen Spezies wurden der Datenbank von Goos, Burcat und Ruscic entnommen [60]. Der Reaktionsmechanismus kann von einer Internetseite des Lawrence Livermore National Laboratory heruntergeladen werden, die in den Angaben zu Referenz [9] (siehe Bibliographie) aufgeführt wird. Auf dieser Seite sind auch die zum Reaktionsmechanismus gehörenden thermodynamischen Daten verfügbar. Ein Vergleich hat ergeben, dass diese Daten jedoch nahezu identisch sind mit denjenigen aus der Datenbank von Goos, Burcat und Ruscic [60], so dass für die Modellierungen ebenso die thermodynamischen Daten von Ref. [60] verwendet werden können.

Abbildung 5.44 zeigt einen Vergleich von gemessenen und berechneten H-Profilen und man kann anhand der Form der berechneten H-Profile erkennen, dass man mit diesem Reaktionsmodell die experimentellen H-Profile nicht reproduzieren und nicht interpretieren kann.

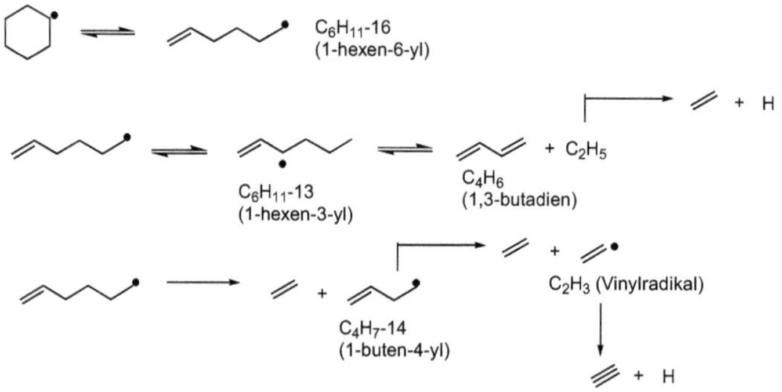

Abbildung 5.43: Reaktions-Schema zum thermischen Zerfall von Cyclohexyl-Radikalen. Entnommen aus dem Reaktionsmechanismus von Silke et al. [9].

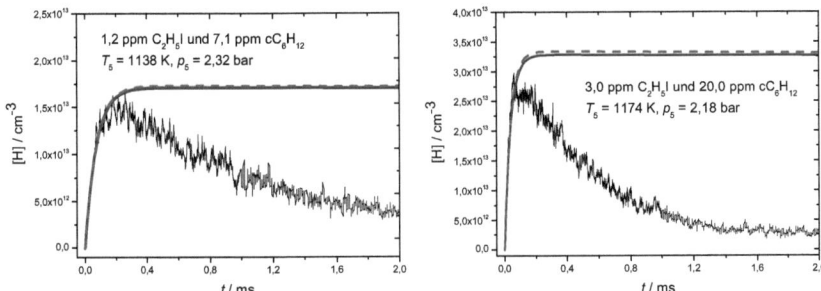

Abbildung 5.44: Vergleich von gemessenen und berechneten H-Profilen. Gestrichelte Kurven: Berechnet anhand der in Tabelle 5.10 gezeigten Reaktionen, d.h. hierbei wird nur der C_2H_5I-Zerfall betrachtet; durchgezogene Kurven: Berechnet mit Berücksichtigung der Reaktionen zum cC_6H_{11}-Zerfall aus Abbildung 5.43.

Wenn man für die Berechnung von H-Profilen als Reaktionsmechanismus nur die C_2H_5I-Pyrolyse berücksichtigt, weisen die berechneten H-Profile innerhalb der ersten 100 – 200 µs einen Anstieg auf, dem sich ein Konzentrations-Plateau anschließt. Der Anstieg der gemessenen H-Profile ist ausschließlich auf den Zerfall von C_2H_5I bzw. die daraus resultierende Dissoziation der C_2H_5-Radikale zurückzuführen. Da bei diesem vereinfachten Ansatz die cC_6H_{11}-Folgereaktionen vernachlässigt werden, findet somit auch kein Verbrauch an H-Atomen statt und man erhält ein Konzentrations-Plateau. Die Konzentration der H-Atome in diesem Plateau entspricht der Ausgangskonzentration an eingesetztem C_2H_5I. Wenn man zusätzlich zum Reaktionsmechanismus der C_2H_5I-Pyrolyse die Abstraktionsreaktion $cC_6H_{12} + H \rightarrow cC_6H_{11} + H_2$ (R$_{5.57}$) sowie die in Abbildung 5.43 gezeigten Folgereaktionen zum cC_6H_{11}-Zerfall mitberücksichtigt, ergeben sich an der Form der berechneten H-Profile keine signifikanten Änderungen. Für die Geschwindigkeitskoeffizienten von R$_{5.57}$ wurde ein Wert aus der Literatur übernommen [72]. Für die in Abbildung 5.43 gezeigten Reaktionen werden die Geschwindigkeitskoeffizienten verwendet, die von Silke et al. angegeben wurden. Diese Angaben beziehen sich wiederum auf andere Referenzen und sind in fast allen Fällen das Ergebnis von quantenchemischen Rechnungen oder regelbasierten Näherungen. Dieser vorläufige Reaktionsmechanismus ist in Tabelle 5.12 angegeben.

Tabelle 5.12: Vorläufiger Reaktionsmechanismus mit dem zuerst versucht wurde, die Experimente zur Reaktion von cC_6H_{12} mit H-Atomen zu interpretieren. Dieser Mechanismus enthält die Reaktionen zur Pyrolyse von C_2H_5I, die Abstraktionsreaktion $cC_6H_{12} + H \rightleftharpoons cC_6H_{11} + H$ und die Reaktionen zum thermischen Zerfall von cC_6H_{11}-Radikalen aus der Arbeit von Silke et al. [9].
Parametrisierung: $k(T) = A\,(T/K)^n \exp(-E_a/RT)$; Einheiten: cm^3, s^{-1}, mol^{-1}, K.

Nr.	Reaktion	A	n	E_a/R	Quelle
$R_{5.58}$	$C_2H_5I \rightleftharpoons C_2H_5 + I$	$7{,}0 \cdot 10^{12}$	0,0	22810	[28]
$R_{5.59}$	$C_2H_5 + Ar \rightleftharpoons C_2H_4 + H + Ar$	$1{,}0 \cdot 10^{18}$	0,0	16800	[70]
$R_{5.71}$	$H + I + Ar \rightarrow HI + Ar$	$2{,}1 \cdot 10^{10}$	0,5	21997	[81]
$R_{(-5.71)}$	$HI + Ar \rightarrow H + I + Ar$	$5{,}0 \cdot 10^{15}$	0,0	41000	[79]
$R_{5.72}$	$I_2 + Ar \rightarrow I + I + Ar$	$8{,}2 \cdot 10^{13}$	0,0	15250	[82]
$R_{(-5.72)}$	$I + I + Ar \rightarrow I_2 + Ar$	$2{,}4 \cdot 10^{10}$	0,0	-754	[82]
$R_{5.73}$	$H + HI \rightarrow H_2 + I$	$4{,}5 \cdot 10^{13}$	0,0	290	[83]
$R_{5.74}$	$H_2 + M \rightleftharpoons H + H + M$	$2{,}2 \cdot 10^{14}$	0,0	48309	[25]
$R_{5.57}$	$cC_6H_{12} + H \rightleftharpoons cC_6H_{11} + H_2$	$6{,}0 \cdot 10^{14}$	0,0	4214	[72]
$R_{(-5.60)}$	$C_6H_{11}\text{-}16 \rightleftharpoons cC_6H_{11}$	$1{,}0 \cdot 10^{8}$	0,86	2969	[84]
$R_{(-5.61)}$	$C_2H_4 + C_4H_7\text{-}14 \rightleftharpoons C_6H_{11}\text{-}16$	$1{,}3 \cdot 10^{4}$	2,48	3085	[67]
$R_{5.62}$	$C_4H_7\text{-}14 \rightarrow C_2H_4 + C_2H_3$	$8{,}8 \cdot 10^{12}$	-0,22	18263	[9]
$R_{(-5.62)}$	$C_2H_4 + C_2H_3 \rightarrow C_4H_7\text{-}14$	$2{,}0 \cdot 10^{11}$	0,0	3925	[9]
$R_{5.5}$	$C_2H_3\,(+M) \rightleftharpoons C_2H_2 + H\,(+M)$	$3{,}9 \cdot 10^{8}$ $2{,}6 \cdot 10^{27}$ TROE $a = 1{,}982$ $T^* = 4{,}3$	1,62 -3,40 $T^{***} = 5383{,}7$ $T^{**} = -0{,}08$	18644 k_∞ 18016 k_0	[38]
$R_{5.63}$	$C_6H_{11}\text{-}16 \rightleftharpoons C_6H_{11}\text{-}13$	$3{,}7 \cdot 10^{12}$	-0,6	7670	[84]
$R_{(-5.64)}$	$C_4H_6 + C_2H_5 \rightleftharpoons C_6H_{11}\text{-}13$	$1{,}3 \cdot 10^{4}$	2,48	3085	[67]

Anhand des in Tabelle 5.12 gezeigten Reaktionsmodells kann man versuchen z.B. durch Anpassen der Werte von $k(T)$ für $R_{5.57}$ eine Übereinstimmung zwischen berechneten und gemessenen H-Profilen zu erzielen. Jedoch machen diese Modellierungen deutlich, dass hierbei ein fundamentales Problem vorliegt und sich die Experimente mit diesem Reaktionsmodell definitiv nicht erklären lassen, was Abbildung 5.45 veranschaulicht.

5. Untersuchte Reaktionen

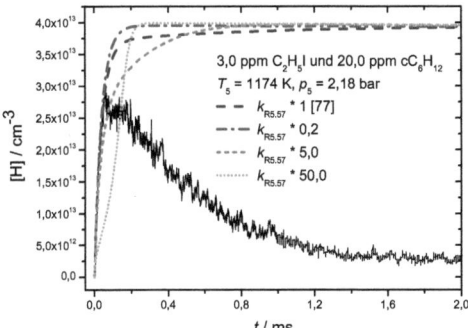

Abbildung 5.45: Auch durch extreme Änderungen des Geschwindigkeitskoeffizienten von $R_{5.57}$ ($cC_6H_{12} + H \rightleftharpoons cC_6H_{11} + H_2$), z.B. $k_{R5.57} \cdot 50{,}0$, lassen sich die berechneten Profile nicht ansatzweise mit den experimentellen H-Profilen in Übereinstimmung bringen.

Das bisher formulierte Reaktionsmodell ist somit nicht in der Lage, den gemessenen Verbrauch an H-Atomen zu erfassen. Die aus dem C_2H_5I-Zerfall gebildeten H-Atome werden zunächst durch die Abstraktionsreaktion $R_{5.57}$ verbraucht. Die entstandenen cC_6H_{11}-Radikale isomerisieren zum 1-Hexen-6-yl-Radikal (C_6H_{11}-16):

$$cC_6H_{11} \rightleftharpoons C_6H_{11}\text{-}16. \quad (R_{5.60})$$

Über eine Abfolge von zwei β-Bindungsbrüchen ($R_{5.61}$ und $R_{5.62}$) entstehen aus dem C_6H_{11}-16-Radikal C_2H_4 und Vinyl-Radikale (C_2H_3).

$$C_6H_{11}\text{-}16 \rightarrow C_2H_4 + C_4H_7\text{-}14, \quad (R_{5.61})$$

$$C_4H_7\text{-}14 \rightarrow C_2H_4 + C_2H_3. \quad (R_{5.62})$$

Unter Abspaltung von H-Atomen entstehen aus diesen wiederum Ethin-Moleküle (C_2H_2). Auf der anderen Seite kann über eine intramolekulare H-Abstraktion C_6H_{11}-16 zum 1-Hexen-3-yl-Radikal (C_6H_{11}-13) isomerisieren.

$$C_6H_{11}\text{-}16 \rightleftharpoons C_6H_{11}\text{-}13. \quad (R_{5.63})$$

Aus einem sich daran anschließenden β-Bindungsbruch entstehen 1,3-C_4H_6 (C_4H_6) und C_2H_5-Radikale.

$$C_6H_{11}\text{-}13 \rightarrow C_4H_6 + C_2H_5. \quad (R_{5.64})$$

5. Untersuchte Reaktionen

Die hier beschriebenen Folgereaktionen laufen sehr schnell ab. Ihre Geschwindigkeitskoeffizienten liegen in Größenordnungsbereichen von 10^6 bis 10^9 s^{-1}. Am Ende dieser Abfolgen von β-Bindungsbrüchen entstehen C_2H_3- und C_2H_5-Radikale, die sofort unter Abspaltung von H-Atomen zerfallen. Somit werden die H-Atome, die im Zuge der Abstraktion $R_{5.57}$ zunächst verbraucht wurden, durch die schnell ablaufenden Folgereaktionen sehr schnell wieder nachgebildet. Die Konsequenz ist, dass das bisher verwendete Reaktionsmodell prinzipiell keinen Verbrauch an H-Atomen vorhersagen kann. Somit ergibt sich die Forderung dieses Reaktionsmodell zu überdenken.

Bei der Beschreibung des möglichen Ablaufs des thermischen Zerfalls von cC_6H_{11}-Radikalen wird vorausgesetzt, dass diese nahezu ausschließlich zu der linearen Spezies C_6H_{11}-16 isomerisieren. Denkbar wäre jedoch auch eine C-H-Bindungsdissoziation und somit die Bildung von Cyclohexen (cC_6H_{10}) in der Reaktion

$$cC_6H_{11} \rightarrow cC_6H_{10} + H. \tag{$R_{5.65}$}$$

In Zusammenhang mit der Pyrolyse von cC_6H_{12} wurde darauf hingewiesen, dass aufgrund der unterschiedlichen Bindungsenergien ein C-C-Bindungsbruch gegenüber einer C-H-Dissoziation begünstigt ist und genau diese Erwartung wurde auch in bisher allen entsprechenden experimentellen und theoretischen Studien bestätigt. Daher ist zu erwarten, dass gleiches auch analog für den thermischen Zerfall von Cyclohexyl-Radikalen gilt. In zwei Theorie-Studien von Sirjean et al. [85] und Matheu et al. [84] wurden für die beiden möglichen einleitenden Reaktionsschritte des cC_6H_{11}-Zerfalls Werte für die Geschwindigkeitskoeffizienten berechnet. Genau genommen wurden in der Studie von Matheu et al. [84] jeweils für die Rückreaktionen $R_{(-5.60)}$ und $R_{(-5.65)}$, also für die Reaktionen C_6H_{11}-16 $\rightleftharpoons cC_6H_{11}$ und $cC_6H_{10} + H \rightarrow cC_6H_{11}$, Werte für $k(T)$ berechnet. Durch die bekannten thermodynamischen Daten dieser Spezies sind somit jedoch auch die $k(T)$-Werte der Hinreaktion gegeben. Die in diesen Studien berechneten bzw. die aus diesen Studien abgeleiteten Werte von $k(T)$ für $R_{5.60}$ und $R_{5.65}$ sind in Abbildung 5.46 dargestellt.

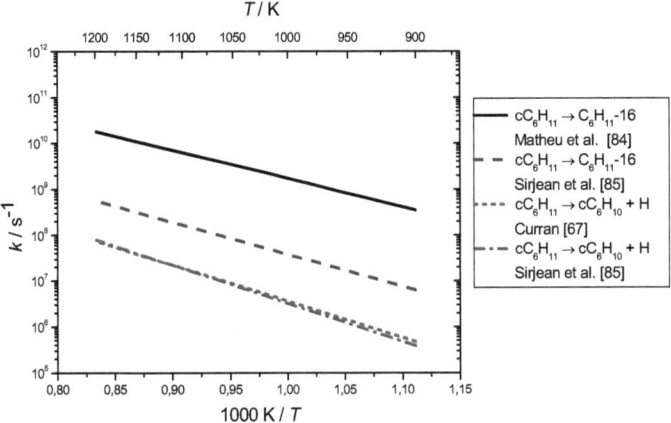

Abbildung 5.46: Vergleich von Geschwindigkeitskoeffizienten der Reaktionen $cC_6H_{11} \rightleftharpoons C_6H_{11}$-16 ($R_{5.60}$) und $cC_6H_{11} \rightarrow cC_6H_{10} + H$ ($R_{5.65}$), die in Referenz [85] angegeben sind bzw. über die Thermodynamik aus Referenz [84] abgeleitet werden können.

Gemäß beiden Studien ist davon auszugehen, dass die C-H-Dissoziation bei dem thermischen Zerfall des cC_6H_{11} nur eine untergeordnete Rolle spielt, während die mit einem C-C-Bindungsbruch einhergehende Isomerisierung zum C_6H_{11}-16-Radikal den dominierenden einleitenden Reaktionskanal darstellt. Hinsichtlich der $k(T)$-Werte der Reaktion $R_{5.60}$ gibt es quantitativ jedoch zwischen beiden Studien erhebliche Unterschiede. Gemäß den Rechnungen von Matheu et al. sollte $R_{5.60}$ um ca. eine Größenordnung schneller ablaufen als es von Sirjean et al. berechnet wurde. Von Sirjean et al. wurden die Geschwindigkeitskoeffizienten mittels *ab initio*-TST-Rechnungen ermittelt, während die von Matheu et al. erhaltenen $k(T)$-Werte mittels QRRK-Rechnungen und einer Mastergleichungsanalyse erhalten wurden. Die für diese Rechnungen notwendigen Zustandsdichten bzw. Schwingungsfrequenzen wurden mittels einer von Bozzeli et al. entwickelten Näherungsmethode erhalten [86]. Jedoch wird das Ergebnis der Modellierungen der H-ARAS-Experimente von der Wahl des Arrheniusausdruckes für $k(T)$ von $R_{5.60}$ nicht beeinflusst. Sowohl der $k(T)$-Ausdruck aus der Studie von Matheu et al. als auch derjenige aus der Arbeit von Sirjean et al. führen beide zu den gleichen berechneten H-Profilen.

In einer weiteren Studie, in der ebenfalls die Oxidation von cC_6H_{12} untersucht wurde, wird für den thermischen Zerfall der cC_6H_{11}-Radikale ein anderes Reaktionsmodell beschrieben. In der von Granata et al. [87] veröffentlichten Arbeit umfasst der für den thermischen Zerfall von cC_6H_{11} angegebene Reaktionsmechanismus ebenfalls die in Abbildung 5.43 gezeigten Reaktionen. Darüber hinaus enthält dieser Mechanismus einen weiteren Reaktionspfad, der durch die 5-exo-Cyclisierung der linearen Spezies C_6H_{11}-16 eingeleitet wird. In Abbildung 5.47 ist dieser zusätzliche Reaktionspfad enthalten.

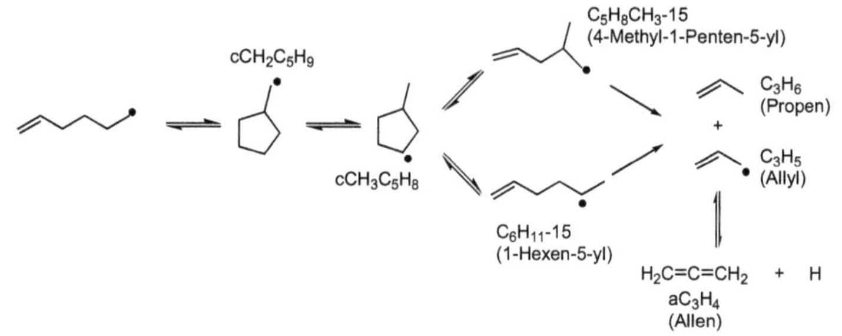

5. Untersuchte Reaktionen

Abbildung 5.47: Reaktionspfad, der gemäß Referenz [87] durch die 5-*exo*-Cyclisierung des C_6H_{11}-16-Radikals eingeleitet wird.

Über eine 5-*exo*-Cyclisierung wird aus C_6H_{11}-16 das Ylomethyl-Cyclopentan ($cCH_2C_5H_9$) gebildet. Über eine intramolekulare H-Abstraktion entsteht aus $cCH_2C_5H_9$ das Isomer 1-Methyl-Cyclopent-3-yl ($cCH_3C_5H_8$). Via β-Bindungsdissoziationen kann $cCH_3C_5H_8$ auf zwei Wegen zerfallen: Einmal unter Bildung der Spezies 4-Methyl-1-Penten-5-yl ($C_5H_8CH_3$-15) und zum anderen unter Bildung des 1-Hexen-5-yl-Radikals (C_6H_{11}-15). Eine erneute β-Bindungsdissoziation führt wiederum ausgehend von beiden Verbindungen zur Bildung von C_3H_6-Molekülen und C_3H_5-Radikalen. Letztere zerfallen unter Abspaltung von H-Atomen zu aC_3H_4.

Von Silke et al. wurde ausgehend vom C_6H_{11}-16 als Cyclisierungsreaktion lediglich die 6-*endo*-Cyclisierung als Rückreaktion zum cC_6H_{11}-Radikal berücksichtigt. Tatsächlich ist aber davon auszugehen, dass gerade die 5-*exo*-Cyclisierung in signifikantem Ausmaß abläuft. Die Knüpfung einer neuen C-C-Bindung erfolgt durch Wechselwirkung zwischen dem Radikalzentrum, einem einfach besetzten p-Atomorbital (p-AO) und dem antibindendem Molekülorbital (MO) π*. Das π*-MO stellt das niedrigste unbesetzte Molekülorbital der C-C-Doppelbindung dar (LUMO: *Lowest Unoccupied Molecular Orbital*). Die Wechselwirkungen zwischen dem p-AO und dem π*-MO sind in Abbildung 5.48 dargestellt.

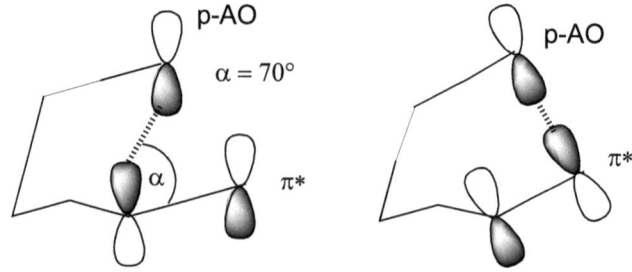

Abbildung 5.48: *Links*: Konformation des Übergangszustands, bei dem die Wechselwirkung zwischen dem p-AO und dem π*-MO der C-C-Doppelbindung zur 5-*exo*-Cyclisierung führt. *Rechts*: Konformation des Übergangszustands, bei dem die Wechselwirkung zwischen dem p-AO und dem π*-MO zur 6-*endo*-Cyclisierung führt.

Gemäß MO-Rechnungen erfolgt diese Wechselwirkung bevorzugt in einem Winkel von $\alpha = 70°$ zur Ebene der Doppelbindung [88]. Da diese Konformation bei der 5-*exo*-Cyclisierung auftritt, sollte diese gegenüber der 6-*endo*-Cyclisierung sogar deutlich bevorzugt ablaufen. [89]. Unter den Bedingungen der Stoßwellenexperimente ist aber davon auszugehen, dass ein beträchtlicher Anteil der intermediär entstehenden C_6H_{11}-16-Radikale schwingungsangeregt ist, wodurch dementsprechend häufig Dissoziationsreaktionen ablaufen (siehe Abbildung 5.43).

Am Ende des durch die 5-*exo*-Cyclisierung eingeleiteten Reaktionspfades (siehe Abbildung 5.47) entstehen Allyl-Radikale und Propen-Moleküle. Somit scheint dieser Reaktionspfad erst einmal lediglich eine weitere Quelle von H-Atomen zu liefern und damit das in Abbildung 5.45 verdeutlichte Problem nicht zu lösen. Entscheidend ist jedoch, dass die C_3H_5-Radikale aufgrund der Resonanzstabilisierung relativ stabil sind und nicht instantan zerfallen. In Zusammenhang mit den Untersuchungen zur Pyrolyse von cC_6H_{12} und 1-C_6H_{12} wurde jedoch gezeigt, welchen Einfluss die Rekombination $C_3H_5 + H \rightarrow C_3H_6$ ($R_{5.49}$) auf die berechneten Bildungsraten an H-Atomen hat. Am Ende der in Abbildung 5.43 gezeigten Zerfallspfade für C_6H_{11}-16 entstehen C_2H_5- und C_2H_3-Radikale die sofort unter Abspaltung von H-Atomen dissoziieren. Aufgrund der relativ hohen Stabilität von C_3H_5 können die so gebildeten H-Atome mit den C_3H_5-Radikalen zu C_3H_6 rekombinieren, was unter den gegebenen experimentellen Bedingungen thermisch stabil ist. Somit ist zu erwarten, dass auch in diesem kinetischen System die Rekombination $R_{5.49}$ eine Senke für H-Atome darstellt. Somit eröffnet der in Abbildung 5.47 gezeigte Reaktionspfad zumindest prinzipiell die Möglichkeit ein Reaktionsmodell zu formulieren, welches die gemessenen Abnahmen der H-Atomkonzentrationen zu erklären vermag.

In der von Granata et al. [87] veröffentlichten Studie wurden verschiedene in der Literatur zu findenden experimentellen Daten zur Oxidation von cC_6H_{12} modelliert und anhand dieser Modellierungen wurde ein Reaktionsmodell abgeleitet, in dem u.a. auch die in Abbildung 5.47 gezeigten Reaktionen enthalten sind. Von Granata et al. wurden für diese Reaktionen die in Tabelle 5.13 gezeigten Arrhenius-Parameter angegeben.

Tabelle 5.13: $k(T)$-Ausdrücke der in Abbildung 5.47 gezeigten Reaktionen. Alle Angaben wurden aus Ref. [87] entnommen. Parametrisierung: $k(T) = A \, (T/K)^n \exp(-E_a/RT)$; Einheiten: cm^3, s^{-1}, mol^{-1}, K

Nr.	Reaktion	A	n	E_a/R
$R_{5.68}$	C_6H_{11}-16 $\rightarrow cCH_2C_5H_9$	$1{,}0 \cdot 10^{11}$	0,0	7550
$R_{(-5.68)}$	$cCH_2C_5H_9 \rightarrow C_6H_{11}$-16	$1{,}0 \cdot 10^{14}$	0,0	15100
$R_{5.69}$	$cCH_2C_5H_9 \rightarrow cCH_3C_5H_8$	$2{,}0 \cdot 10^{11}$	0,0	9200
$R_{(-5.69)}$	$cCH_3C_5H_8 \rightarrow cCH_2C_5H_9$	$3{,}2 \cdot 10^{11}$	0,0	11100
$R_{5.75}$	$cCH_3C_5H_8 \rightarrow C_5H_8CH_3$-15	$1{,}0 \cdot 10^{14}$	0,0	15600
$R_{(-5.75)}$	$C_5H_8CH_3$-15 $\rightarrow cCH_3C_5H_8$	$1{,}0 \cdot 10^{11}$	0,0	6550
$R_{5.76}$	$cCH_3C_5H_8 \rightarrow C_6H_{11}$-15	$1{,}0 \cdot 10^{14}$	0,0	14600

5. Untersuchte Reaktionen

R$_{(-5.76)}$	C$_6$H$_{11}$-15 → cCH$_3$C$_5$H$_8$	1,0·10^{11}	0,0	7050
R$_{5.80}$	C$_5$H$_8$CH$_3$-15 → C$_3$H$_6$ + C$_3$H$_5$	1,0·10^{14}	0,0	14100
R$_{5.81}$	C$_6$H$_{11}$-15 → C$_3$H$_6$ + C$_3$H$_5$	1,0·10^{14}	0,0	15100

Zu den in Tabelle 5.13 gezeigten Spezies wurden von Granata et al. keine thermodynamischen Daten berechnet. Daher werden die Reaktionen nicht reversibel gerechnet, sondern Hin- und Rückreaktion werden separat formuliert. Zu den Intermediaten cCH$_2$C$_5$H$_9$, cCH$_3$C$_5$H$_8$, C$_5$H$_8$CH$_3$-15 und C$_6$H$_{11}$-15 konnten auch in der Datenbank von Goos, Burcat und Ruscic keine Angaben gefunden werden. In einer theoretischen Studie von Sirjean et al. [85] wurden für die o. g. Radikale aus quantenchemischen Rechnungen Standard-Bildungsenthalpien ΔH^0_f für eine Temperatur von 298 K berechnet. Die Bildungsenthalpien können jedoch relativ leicht abgeschätzt werden. Um z.B. ΔH^0_f von cCH$_2$C$_5$H$_9$ abschätzen zu können, kann man eine hypothetische Reaktionsgleichung formulieren, bei der Methyl-Cyclopentan (CH$_3$C$_5$H$_9$) unter Abspaltung eines H-Atoms von dem CH$_3$-Rest zum Ylomethyl-Cyclopentan cCH$_2$C$_5$H$_9$ dissoziiert:

$$CH_3C_5H_9 \rightarrow cCH_2C_5H_9 + H. \qquad (R_{5.66})$$

Bei solchen Bindungsdissoziationsreaktionen gilt näherungsweise der Zusammenhang $\Delta H^0_r \approx$ $BDE_{\text{gebrochene Bindungen}}$ (BDE: Bindungsdissoziations-Energie). Bei dem in R$_{5.66}$ von der CH$_3$-Gruppe abgespaltenem H-Atom handelt es sich um ein primäres H-Atom. Für C-H-Bindungsdissoziations-Energien von primären H-Atomen beträgt $BDE(C-H_{primär}) \approx 100,6$ kcal mol^{-1} [88]. Die Werte von ΔH^0_f für CH$_3$C$_5$H$_9$ und H-Atome sind in der Literatur bekannt (ΔH^0_f(CH$_3$C$_5$H$_9$) = -25,33 kcal mol^{-1} [90] und ΔH^0_f(H) = 52,1 kcal mol^{-1} [60]). Gemäß folgender Gleichung lässt sich ΔH^0_f von cCH$_2$C$_5$H$_9$ berechnen:

$$\Delta H^0_r = \sum \Delta H^0_{f(\text{Produkte})} - \sum \Delta H^0_{f(\text{Reaktanten})}. \qquad (5.10)$$

Für R$_{5.66}$ ist $\Delta H^0_r \approx 100,6$ kcal mol^{-1} ($\Delta H^0_r \approx BDE(C-H_{primär}) \approx 100,6$ kcal mol^{-1}) und somit ist ΔH^0_f (cCH$_2$C$_5$H$_9$) $\approx 23,2$ kcal mol^{-1}. Ganz analog dazu lässt sich auch für das 1-Methyl-Cyclopent-3-yl (cCH$_3$C$_5$H$_8$) die Standard-Bildungsenthalpie abschätzen. Dazu wird ebenfalls eine hypothetische Reaktion formuliert, bei der ausgehend vom Methyl-Cyclopentan (CH$_3$C$_5$H$_9$) ein sekundäres H-Atom an dem C3-Atom des Cyclopentyl-Rings abgespalten wird:

$$CH_3C_5H_9 \rightarrow cCH_3C_5H_8 + H. \qquad (R_{5.67})$$

Für die Abspaltung eines sekundären H-Atoms beträgt $BDE(C-H_{sekundär}) \approx 96,3$ kcal mol^{-1}. Somit ist annäherungsweise für R$_{5.67}$ $\Delta H^0_r \approx 100,6$ kcal mol^{-1}. Gemäß Gleichung (5.10) ergibt sich somit für ΔH^0_f (cCH$_3$C$_5$H$_8$) ein Wert von 18,9 kcal mol^{-1}. Entsprechend lassen sich mit der dargestellten Prozedur auch für die Spezies C$_5$H$_8$CH$_3$-15 und C$_6$H$_{11}$-15 Werte für ΔH^0_f abschätzen. Die in dieser Arbeit ermittelten Bildungsenthalpien sind in Tabelle 5.14 dargestellt und werden mit den von Sirjean et al. [85] quantenchemisch berechneten Bildungsenthalpien verglichen.

Tabelle 5.14: Vergleich von ΔH^0_f-Werten, die für die Spezies $cCH_2C_5H_9$, $cCH_3C_5H_8$, $C_5H_8CH_3$-15 und C_6H_{11}-15 in dieser Arbeit abgeschätzt wurden, mit den entsprechenden ΔH^0_f-Werten, die von Sirjean et al. quantenchemisch berechnet wurden.

Spezies	ΔH^0_f [kcal mol^{-1}]; diese Arbeit	ΔH^0_f [kcal mol^{-1}]; Sirjean et al. [85]
$cCH_2C_5H_9$	23,2	23,7
$cCH_3C_5H_8$	18,9	18,5
$C_5H_8CH_3$-15	36,7	37,2
C_6H_{11}-15	34,2	36,2

Die Abweichungen zwischen den quantenchemisch berechneten Bildungsenthalpien sowie den abgeschätzen Werten für ΔH^0_f betragen ca. 2 – 6% und stimmen somit gut überein. Basierend auf den in Tabelle 5.14 gezeigten Werten für ΔH^0_f (ΔH^0_f-Werte dieser Arbeit) lassen sich gemäß Gleichung (5.10) die Standard-Reaktionsenthalpien ΔH^0_r der entsprechenden Hinreaktionen (siehe Tabelle 5.13) berechnen.

Tabelle 5.15: Berechnete Standard-Reaktionsenthalpien für die Hinreaktionen $R_{5.68}$ - $R_{5.75}$. Zur Berechnung von ΔH^0_r werden die in Tabelle 5.14 gezeigten Werte von ΔH^0_f verwendet. Die Standard-Bildungsenthalpie von C_6H_{11}-16 beträgt ca. 39,0 kcal mol^{-1} [60].

Reaktion	ΔH^0_r [kcal mol^{-1}]
C_6H_{11}-16 $\rightarrow$ $cCH_2C_5H_9$ ($R_{5.68}$)	-15,3
$cCH_2C_5H_9$ $\rightarrow$ $cCH_3C_5H_8$ ($R_{5.69}$)	-4,3
$cCH_3C_5H_8$ $\rightarrow$ $C_5H_8CH_3$-15 ($R_{5.75}$)	15,3
$cCH_3C_5H_8$ $\rightarrow$ C_6H_{11}-15 ($R_{5.76}$)	17,8

Im nächsten Schritt lässt sich wiederum ansatzweise überprüfen, ob die von Granata et al. [87] angegebenen $k(T)$-Ausdrücke der jeweils aufgeführten Hin- und Rückreaktionen unter thermodynamischen Gesichtspunkten zu den in Tabelle 5.15 dargestellten Werten passen. Über die Werte von $k(T)$ für Hin- und Rückreaktion lässt sich die Gleichgewichtskonstante K_c berechnen: $K_c = k_{for}(T)/k_{rev}(T)$. Die Gleichgewichtskonstante K_c wiederum lässt sich in die Gleichgewichtskonstante K_p umrechnen. Für Isomerisierungen gilt: $K_c = K_p$. Gemäß der van't Hoffschen Gleichung liegt zwischen K_p und der Reaktionsenthalpie ΔH^0_r der folgende Zusammenhang vor:

$$\frac{d \ln K_p}{d(1/T)} = -\frac{\Delta H^0_r}{R}. \qquad (5.11)$$

5. Untersuchte Reaktionen

T kennzeichnet die Reaktionstemperatur und R die Gaskonstante ($R \approx 8.3$ J·mol^{-1}·K^{-1}) Um den Wert der Gleichgewichtskonstante K_p bei einer Temperatur T_2 ausgehend von ihrem Wert bei einer anderen Temperatur T_1 zu bestimmen, muss Gleichung (5.11) integriert werden:

$$\ln K_{p_2} = \ln K_{p_1} - \frac{\Delta H_r^0}{R}\left(\frac{1}{T_2} - \frac{1}{T_1}\right). \tag{5.12}$$

Aus Gleichung (5.12) kann durch Umformung wiederum ΔH^0_r berechnet werden:

$$\Delta H_r^0 = \frac{R}{\left(\frac{1}{T_2} - \frac{1}{T_1}\right)}\left(\ln K_{p_1} - \ln K_{p_2}\right). \tag{5.13}$$

Mit den bekannten $k(T)$-Werten für die Hinreaktionen und ihre entsprechenden Rückreaktionen können für zwei verschiedene, aber ähnliche Temperaturen T_1 und T_2, für die Reaktionen (R$_{5.68}$) – (R$_{5.75}$) die Reaktionsenthalpien berechnet werden. Tabelle 5.16 fasst die Werte von ΔH^0_r zusammen, die basierend auf den $k(T)$-Werten aus Ref. [87] mittels Gleichung (5.13) berechnet wurden. Diese Reaktionsenthalpien werden mit denen verglichen, die in Tabelle 5.15 gezeigt wurden.

Tabelle 5.16: Mittlere Spalte: ΔH^0_r-Werte wurden mit den in dieser Arbeit abgeschätzten Spezies-Bildungsenthalpien berechnet (siehe Text). Rechte Spalte: Bildungsenthalpien wurden mit der van't-Hoffschen Gleichung berechnet. K_{p1} und K_{p2} sind durch die in Tabelle 5.13 enthaltenen k_{for}- und k_{rev}-Werte gegeben, die wiederum aus Ref. [87] stammen. Für T_1 und T_2 wurden als Temperaturen 298 K und 305 K eingesetzt.

Reaktion	ΔH^0_r [kcal mol^{-1}]; diese Arbeit	ΔH^0_r [kcal mol^{-1}]; Granata et al. [87]
C_6H_{11}-16 → $cCH_2C_5H_9$ (R$_{5.68}$)	-15,3	-15,0
$cCH_2C_5H_9$ → $cCH_3C_5H_8$ (R$_{5.69}$)	-4,3	-3,8
$cCH_3C_5H_8$ → $C_5H_8CH_3$-15 (R$_{5.75}$)	15,3	17,9
$cCH_3C_5H_8$ → C_6H_{11}-15 (R$_{5.76}$)	17,8	15,0

Aus Tabelle 5.16 geht hervor, dass zumindest bei einer Temperatur von 298 K die von Granata et al. angegebenen Geschwindigkeitskoeffizienten von Hin- und Rückreaktionen über die van't-Hoffsche Gleichung zu Reaktionsenthalpien führen, die gut mit denen übereinstimmen, die im Rahmen dieser Arbeit abgeleitet wurden. Da die in dieser Arbeit abgeschätzten Spezies-Bildungsenthalpien ΔH^0_f gut mit denen von Sirjean et al. übereinstimmen (siehe Tabelle 5.14), stimmen auch die basierend auf den von Sirjean et al. berechneten ΔH^0_f-Werten abgeleiteten Reaktionsenthalpien gut mit den in dieser Arbeit abgeschätzten ΔH^0_r-Werten überein. Bei einer Temperatur von 298 K ergeben die von Granata et al. [87] angegebenen kinetischen Daten sowie die

von Sirjean et al. berechneten Thermodaten und die thermodynamischen Abschätzungen dieser Arbeit ein insgesamt konsistentes Bild.
In der Literatur jedoch findet man für die 5-*exo*-Cyclisierung C_6H_{11}-16 → $cCH_2C_5H_9$ ($R_{5.68}$) und ihre Rückreaktion $cCH_2C_5H_9$ → C_6H_{11}-16 ($R_{(-5.68)}$) zwei unterschiedliche $k(T)$-Ausdrücke. Einmal die in Tabelle 5.13 gezeigten Angaben aus Ref. [87] und zum anderen wurden von Sirjean et al. [85] für diese Reaktionen ebenfalls Arrhenius-Parameter berechnet. Ein Vergleich dieser Geschwindigkeitskoeffizienten ist in Abbildung 5.49 enthalten.

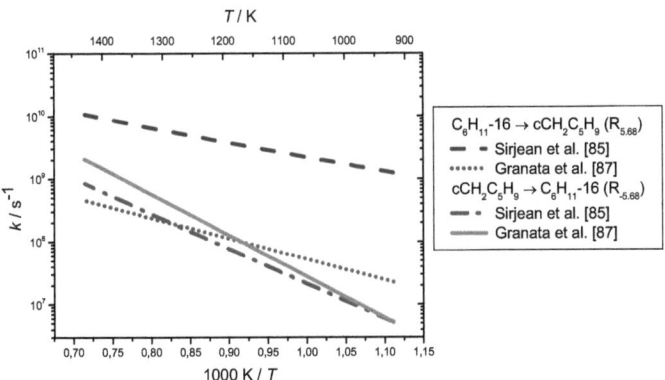

Abbildung 5.49: Vergleich von Geschwindigkeitskoeffizienten zu den Reaktionen $R_{5.68}$ und $R_{-5.68}$. Gestrichelte Kurve (oben): $k_{R5.68}(T)$: Sirjean et al. [85]; punktierte Kurve: $k_{R5.68}(T)$: Granata et al. [87]; strich-punktierte Kurve: $k_{(-R5.68)}(T)$: Sirjean et al. [85]; durchgezogene Kurve: $k_{(-R5.68)}(T)$: Granata et al. [87].

Abbildung 5.49 zeigt, dass innerhalb des dargestellten Temperaturbereichs die von Sirjean et al. berechneten $k(T)$-Werte für $R_{5.68}$ um mehr als eine Größenordnung über denen von Granata et al. liegen. Die Geschwindigkeitskoeffizienten für die Rückreaktion unterscheiden sich zwar, sind aber untereinander im Vergleich zu denen der Hinreaktion relativ ähnlich. Bezüglich der von Granata et al. angegebenen Werte ist festzustellen, dass bei Temperaturen oberhalb von rund 1100 K das Gleichgewicht sogar auf Seiten der Rückreaktion liegt.
Diese Diskrepanz zwischen den angegebenen $k(T)$-Werten für $R_{5.68}$ hat folgende Konsequenzen: Abbildung 5.50 zeigt einen Vergleich von $k(T)$-Werten für Zerfallsreaktionen des C_6H_{11}-16. Wenn man von diesem Radikal ausgeht so ergeben sich für C_6H_{11}-16 drei verschiedene unimolekulare Folgereaktionen: 1. β-Bindungsbruch unter Bildung von C_2H_4 und C_4H_7-14 ($R_{5.61}$; siehe Tabelle 5.12), 2. Isomerisierung zum C_6H_{11}-13-Radikal ($R_{5.63}$, siehe Tabelle 5.12) und 3. Isomerisierung zum $cCH_2C_5H_9$-Radikal ($R_{5.68}$, siehe Tabelle 5.13).
In Abbildung 5.50 werden die $k(T)$-Werte der drei unimolekularen Folgereaktionen des C_6H_{11}-16-Radikals miteinander verglichen. Des weiteren ist in Abbildung 5.50 erneut der Vergleich zwischen den $k(T)$-Werten von $R_{5.68}$ gezeigt (siehe auch Abbildung 5.49).

5. Untersuchte Reaktionen

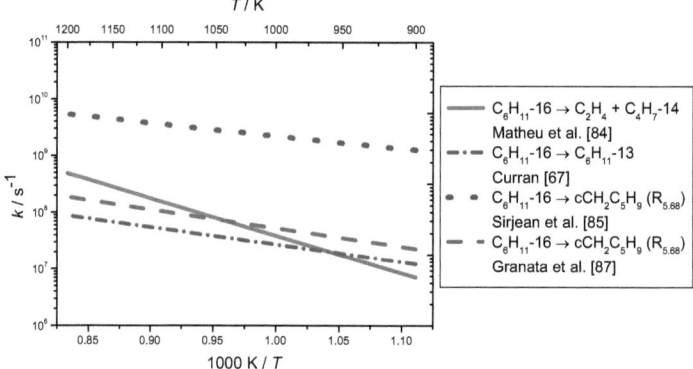

Abbildung 5.50: Vergleich von Geschwindigkeitskoeffizienten der Reaktionen $R_{5.61}$ (C_6H_{11}-16 → C_2H_4 + C_4H_7-14), $R_{5.63}$ (C_6H_{11}-16 → C_6H_{11}-13) und $R_{5.68}$ (C_6H_{11}-16 → $cCH_2C_5H_9$). Die $k_{R5.63}(T)$-Werte wurden Ref. [84] entnommen (siehe Tabelle 5.12). Die $k(T)$-Werte der Rückreaktion $R_{(-5.61)}$ sind ebenfalls in Tabelle 5.12 enthalten. Über die Thermodynamik wurden die $k(T)$-Werte für die Hinreaktion $R_{5.61}$ berechnet.

Wenn man vom 1-Hexen-6-yl-Radikal (C_6H_{11}-16) ausgeht und die von Sirjean et al. berechneten $k_{R5.68}(T)$-Werte zugrunde legt, so stellt die 5-*exo*-Cyclisierung $R_{5.68}$ den dominierenden einleitenden Reaktionsschritt dar. $R_{5.68}$ leitet einen Reaktionspfad ein, an dessen Ende Propen und Allyl-Radikale gebildet werden. Dieser Reaktionspfad wird im Folgenden als *Pfad C* bezeichnet. Die anderen beiden unimolekularen Reaktionen $R_{5.61}$ und $R_{5.63}$ leiten Reaktionspfade ein, die C_2H_5- bzw. C_2H_3-Radikale liefern, die wiederum nahezu instantan unter H-Abspaltung zu C_2H_2 bzw. C_2H_4 zerfallen. Der Pfad, der durch den β-Bindungsbruch $R_{5.61}$ (C_6H_{11}-16 → C_2H_4 + C_4H_7-14) eingeleitet wird und zur Bildung von H-Atomen und C_2H_2 führt (siehe Abbildung 5.43) wird im Folgenden als *Pfad A* bezeichnet. Der Pfad, der durch die Isomerisierung $R_{5.63}$ (C_6H_{11}-16 → C_6H_{11}-13) eingeleitet wird und zur Bildung von H-Atomen und C_2H_4 führt, wird im Folgenden als *Pfad B* bezeichnet. Wenn entsprechend den Rechnungen von Sirjean et al. $R_{5.68}$ die dominierende unimolekulare Folgereaktion des C_6H_{11}-16 ist, dann wird *Pfad C* gegenüber den *Pfaden A* und *B* dominierend sein. Somit wäre auch die Bildungsrate für C_3H_5-Radikale höher als die Bildungsraten von C_2H_3- und C_2H_5-Radikalen, die aus den *Pfaden A* und *B* resultieren. Daher wäre davon auszugehen, dass die aus *Pfad C* gebildeten C_3H_5-Radikale nahezu vollständig mit den aus allen Pfaden gebildeten H-Atomen zu C_3H_6 rekombinieren. Bezüglich der H-ARAS-Stoßwellenexperimente zur Reaktion von cC_6H_{12} mit H-Atomen würde man erwarten, dass ein Reaktionsmodell, dass die *Pfade A*, *B* und *C* sowie Reaktionen zum thermischen C_2H_5I-Zerfall enthält (siehe Tabelle 5.10 bzw. Tabelle 5.12), nach einer kurzen Periode des Anstiegs der H-Atom-Konzentration, infolge des Zerfalls von C_2H_5I, eine deutliche Abnahme der H-Konzentration vorhersagt, die auf die Rekombination von C_3H_5 + H $\rightleftharpoons C_3H_6$ zurückzuführen ist. Wenn man hingegen für $R_{5.68}$ den $k(T)$-Ausdruck von Granata et al. zugrunde legt, so wäre *Pfad C* in dem untersuchten Temperaturbereich zwar relevant, aber nicht dominierend, sondern sogar eher untergeordnet. Die Folge wäre, dass die Bildungsrate an C_3H_5-Radikalen aus *Pfad C* gegenüber den Bildungsraten von C_2H_5- und C_2H_3-Radikalen insgesamt verringert wäre und somit die Rekombination $C_3H_5 + H \rightleftharpoons C_3H_6$ an Bedeutung verliert. Das Reaktionsmodell würde in diesem Fall ebenfalls nach sehr kurzen Reaktionsdauern einen Anstieg der H-Atomkonzentration ergeben (wegen C_2H_5I-Zerfall), aber danach vermutlich eine viel schwächer ausgeprägte Abnahme der H-Atom-Konzentration vorhersagen. Abbildung 5.51 verdeutlicht den Einfluss der $k(T)$-Werte für $R_{5.68}$ auf den vorhergesagten Verlauf der H-Atom-Konzentration.

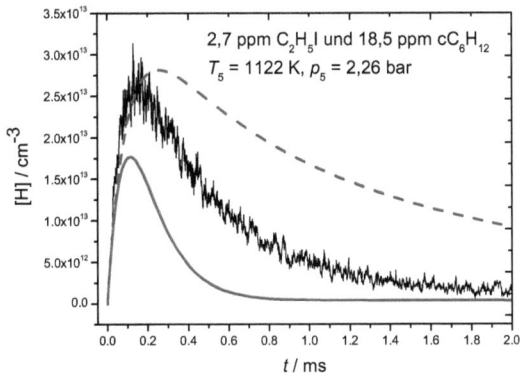

Abbildung 5.51: Vergleich von gemessenen und berechneten H-Profilen. Der verwendete Reaktionsmechanismus enthält die in den Tabellen 5.12 und 5.13 gezeigten Reaktionen. Gestrichelte Kurve: $k_{R5.68}(T)$ von Granata et al. [87]; durchgezogene Kurve: $k_{R5.68}(T)$ von Sirjean et al. [85].

Abbildung 5.51 verdeutlicht, dass der von Sirjean et al. berechnete $k_{R5.68}(T)$-Wert dazu führt, dass das Reaktionsmodell einen zu starken Verbrauch an H-Atomen vorhersagt, währen der von Granata et al. berechnete $k_{R5.68}(T)$-Wert zu einer zu geringen Abnahme der H-Atom-Konzentration führt. Allerdings macht der Vergleich der in Abbildung 5.51 gezeigten berechneten H-Profile mit den in Abbildung 5.45 dargestellten berechneten H-Profilen deutlich, dass die Berücksichtigung des *Pfades C* den zeitlichen Verlauf der H-Atom-Konzentration erheblich beeinflusst und dazu führt, dass das Reaktionsmodell zumindest qualitativ die gemessene Abnahme der H-Atom-Konzentration erfasst. Durch Anpassung der Arrhenius-Parameter für die eigentlich zu untersuchende Reaktion $cC_6H_{12} + H \rightleftharpoons cC_6H_{11} + H_2$ ($R_{5.57}$) würden sich die gemessenen H-Profile korrekt reproduzieren lassen. Die in Abbildung 5.52 dargestellte Störungssensitivitätsanalyse zeigt, dass diese Abstraktionsreaktion den größten Einfluss auf den zeitlichen Verlauf der Bildung bzw. des Verbrauchs von H-Atomen hat. Für diese Analyse wurden die $k(T)$-Werte der im Reaktionsmodell (siehe Tabellen 5.12 und 5.13) enthaltenen Reaktionen jeweils mit dem Faktor 0,5 multipliziert. Die Abweichungen der H-Profile gegenüber dem Referenzprofil ($[H]_{ref}$), die aus der Änderung von $k(T)$ für jede der Reaktionen resultieren, sind gegen die Reaktionsdauer aufgetragen.

Die Störungssensitivitätsanalyse bestätigt, dass sich durch Anpassen der $k(T)$-Werte für $R_{5.57}$ prinzipiell die gemessenen H-Profile wiedergeben ließen. Doch entscheidend ist, dass das Ergebnis dieser Modellierungen stark vom $k(T)$-Wert für $R_{5.68}$ (C_6H_{11}-16 $\rightarrow$ $cCH_2C_5H_9$) beeinflusst wird. Somit

5. Untersuchte Reaktionen

liefern die durchgeführten Stoßwellen-Experimente zur Untersuchung der Reaktion „cC_6H_{12} + H" qualitativ Einblicke in die beim Zerfall der Cyclohexyl-Radikale ablaufenden Reaktionen, aber sie gestatten es nicht, $k(T)$-Werte für die Abstraktionsreaktion $R_{5.57}$ abzuleiten.

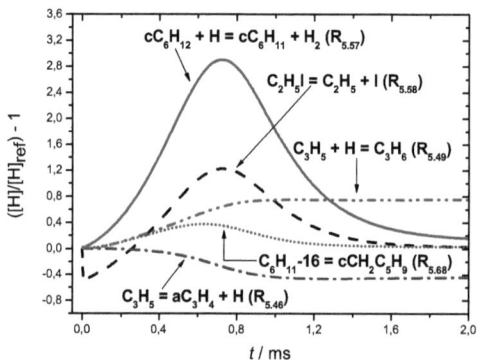

Abbildung 5.52: Störungssensitivitätsanalyse für das System „cC_6H_{12} + H": T_5 = 1122 K, p_5 = 2,26 bar, $[cC_6H_{12}]_0 = 2{,}73 \cdot 10^{14}$ cm^{-3} (18,7 ppm) und $[C_2H_5I]_0 = 3{,}80 \cdot 10^{13}$ cm^{-3} (2,6 ppm).

Es wurde herausgearbeitet, dass die lineare Spezies C_6H_{11}-16 über drei unimolekulare Reaktionen ($R_{5.61}$, $R_{5.63}$, $R_{5.68}$) weiterreagieren kann. Jede dieser unimolekularen Reaktionen leitet einen unterschiedlichen Reaktionspfad ein. Das Verzweigungsverhältnis dieser drei unimolekularen Reaktionen beeinflusst entscheidend den vorhergesagten Verbrauch an H-Atomen. Gemäß Sirjean et al. [85] stellt -ausgehend vom C_6H_{11}-16-Radikal- $R_{5.68}$ die dominierende Reaktion dar, während gemäß Granata et al. [87] $R_{5.68}$ weniger bedeutend ist. Wenn man den Zerfall der C_6H_{11}-16-Radikale experimentell direkt untersuchen könnte, so ließen sich aus diesen Experimenten möglicherweise $k(T)$-Werte für $R_{5.68}$ ableiten. Um den thermischen Zerfall von C_6H_{11}-16 in Stoßwellen-Experimenten analysieren zu können, ist es notwendig ein geeignetes Precursor-Molekül für dieses Radikal zu ermitteln. Als Precursor-Molekül für C_6H_{11}-16-Radikale wurde 6-Iod-1-Hexen (C_6H_{11}I-16) verwendet. In Analogie zum C_2H_5I ist zu erwarten, dass mit Eintreffen der reflektierten Stoßwelle die C-I-Bindung schnell dissoziiert und somit unmittelbar C_6H_{11}-16-Radikale erzeugt werden. Mit den Experimenten zum thermischen Zerfall von C_6H_{11}I-16 sollte es möglich sein, z.B. $k(T)$-Werte für $R_{5.68}$ abzuleiten. Mit diesen Ergebnissen wiederum können die Experimente zum System „cC_6H_{12} + H" dahingehend neu bewertet werden, auch $k(T)$-Werte für die Reaktion cC_6H_{12} + H → cC_6H_{11} + H_2 abzuleiten. Es wird vorausgesetzt, dass das bisher diskutierte Reaktionsmodell den thermischen Zerfall von cC_6H_{11}-Radikalen korrekt zu beschreiben vermag. Wenn das zutrifft, dann sollten sich sowohl die Experimente zum System „cC_6H_{12} + H" als auch diejenigen zum thermischen Zerfall von C_6H_{11}I-16 in sich konsistent beschreiben lassen. Dies ist mit den C_6H_{11}I-16-Experimenten überprüfbar.

5.3.3 Ergebnisse und Diskussion: Pyrolyse von 6-Iod-1-Hexen

Zur kinetischen Untersuchung der Pyrolyse von 6-Iod-1-Hexen ($C_6H_{11}I$-16) wurden 8 Experimente durchgeführt. Die Reaktionstemperaturen umfassen einen Bereich von 1090 bis 1166 K. Die Drücke betrugen rund 2 bar. Es wurde eine Reaktionsgasmischung von $C_6H_{11}I$-16 hergestellt. Gemäß GC-Analytik betrug die Ausgangskonzentration an $C_6H_{11}I$-16 1,8 ppm. Die experimentellen Daten sind in Tabelle 5.17 zusammengestellt.

Tabelle 5.17: Zusammenstellung der Reaktionsbedingungen für die Experimente zur Pyrolyse von $C_6H_{11}I$-16.

T_5 / K	p_5 / bar	[$C_6H_{11}I$-16] / ppm	[$C_6H_{11}I$-16] / cm^{-3}
1090	1,87	1,8	$2,15 \cdot 10^{13}$
1107	2,00	1,8	$2,30 \cdot 10^{13}$
1107	2,11	1,8	$2,41 \cdot 10^{13}$
1117	2,06	1,8	$2,36 \cdot 10^{13}$
1131	2,01	1,8	$2,30 \cdot 10^{13}$
1138	2,01	1,8	$2,30 \cdot 10^{13}$
1139	2,17	1,8	$2,48 \cdot 10^{13}$
1166	2,16	1,8	$2,47 \cdot 10^{13}$

Parallel zur Messung der Absorption von H-Atomen durch die H-ARAS-Methode wurde mittels I-ARAS zu jedem einzelnen Experiment auch die Absorption von I-Atomen gemessen. Wie in Abschnitt 4.5.2 erläutert, wurden die gemessenen Absorptionsprofile von I-Atomen in Konzentrations-Zeit-Verläufe umgerechnet. In Abbildung 5.53 sind die zu einem Stoßwellen-Experiment simultan gemessenen H- und I-Profile dargestellt.

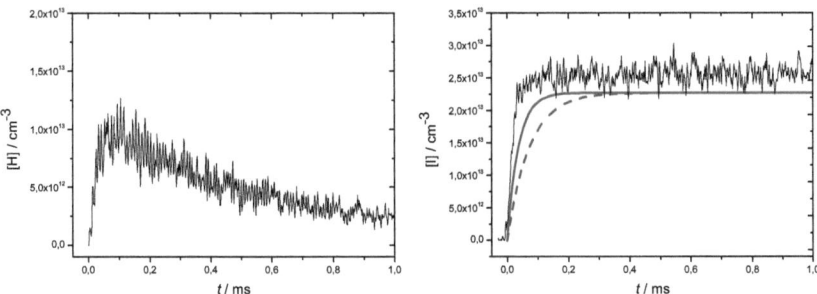

Abbildung 5.53: Simultan gemessene zeitaufgelöste Konzentrations-Profile von H- und I-Atomen eines Experiments bei T_5 = 1138 K, p_5 = 2,01 bar und [$C_6H_{11}I$-16]$_0$ = $2,30 \cdot 10^{13}$ cm^{-3} (1,8 ppm). *Rechts*: durchgezogene und gestrichelte Kurve: berechnete I-Profile (siehe Text).

5. Untersuchte Reaktionen

Das in Abbildung 5.53 gezeigte I-Profil verdeutlicht, dass die C-I-Bindung mit Einfallen der reflektierten Stoßwelle annähernd instantan gebrochen wird. Wenn man für die Reaktion $C_6H_{11}I\text{-}16 \rightarrow C_6H_{11}\text{-}16 + I$ ($R_{5.70}$) die gleichen Geschwindigkeitskoeffizienten wie für die Reaktion $C_2H_5I \rightarrow C_2H_5 + I$ ($R_{5.58}$) einsetzt, so erhält man für das berechnete I-Profil die in Abbildung 5.53 (siehe rechtes Bild) dargestellte gestrichelte Kurve. Es ist zu beobachten, dass der Anstieg des gemessenen I-Profils nicht korrekt wiedergegeben wird, d.h. dass diese Geschwindigkeitskoeffizienten zu einem zu langsamen Anstieg des berechneten I-Profils führen. Somit würde dies im Reaktionsmodell auch zu einer etwas zu langsamen Bildung von H-Atomen bei kurzen Reaktionszeiten ($t \leq 100$ µs) führen. Die Rate der C-I-Bindungsdissoziation kontrolliert die Geschwindigkeit der Bildung von $C_6H_{11}\text{-}16$-Radikalen. Die H-Atome wiederum resultieren aus dem thermischen Zerfall der $C_6H_{11}\text{-}16$-Radikale. Die unimolekularen Folgereaktionen des $C_6H_{11}\text{-}16$, die letzten Endes zur Freisetzung von H-Atomen führen, laufen sehr schnell ab. Die Geschwindigkeitskoeffizienten dieser Folgereaktionen liegen in einem Größenordnungsbereich von $10^6 - 10^9$ s^{-1}. Die $k(T)$-Werte für die C-I-Dissoziation $R_{5.58}$ (siehe Tabelle 5.12) hingegen liegen in einem Größenordnungsbereich von 10^4 s^{-1}. Die beim $C_6H_{11}I\text{-}16$ ablaufende C-I-Dissoziation weist eine geringere Reaktionsgeschwindigkeit auf als die Folgereaktionen der $C_6H_{11}\text{-}16$-Radikale. Somit stellt die Geschwindigkeit der Reaktion $R_{5.70}$ ($C_6H_{11}I\text{-}16 \rightarrow C_6H_{11}\text{-}16 + I$) für die Bildung von H-Atomen den geschwindigkeitsbestimmenden Schritt dar. Um die Abweichung von berechnetem mit gemessenen I-Profil zu verringern, wurde der prä-exponentielle Faktor von $R_{5.58}$ ($C_2H_5I \rightarrow C_2H_5 + I$) mit 2 multipliziert. Dieser so modifizierte Arrheniusausdruck wurde dann für Reaktion $R_{5.70}$ eingesetzt. Wird nun dieser geänderte Arrhenius-Ausdruck für $R_{5.70}$ verwendet, so ergibt sich als berechnetes I-Profil die in Abbildung 5.53 gezeigte durchgezogene Kurve. Auch hierbei ist die Übereinstimmung nicht perfekt, aber die Differenz zwischen Modellierung und Experiment wird verringert. Eine weitere Erhöhung der Geschwindigkeitskoeffizienten für $R_{5.70}$ führt zu keiner signifikant besseren Übereinstimmung zwischen berechneten und gemessenen I-Profilen. Es ist zu vermuten, dass diese verbleibende Differenz auf Ungenauigkeiten in der Kalibrierkurve für das I-ARAS-System zurückzuführen ist. Grundsätzlich zeigen die gemessenen I-Profile, dass das Molekül $C_6H_{11}I\text{-}16$ einen für Stoßwellen-Experimente geeigneten Precursor für $C_6H_{11}\text{-}16$-Radikale darstellt.

In Abbildung 5.54 ist die Störungssensitivitätsanalyse für eines der $C_6H_{11}I\text{-}16$-Experimente dargestellt. Ebenso wie für das System „$cC_6H_{12} + H$" wurden hier die $k(T)$-Werte der im Reaktionsmodell (siehe Tabellen 5.12 und 5.13) enthaltenen Reaktionen jeweils mit dem Faktor 0.5 multipliziert. Die Abweichungen der H-Profile gegenüber dem Referenzprofil ([H]$_{ref}$), die aus der Änderung von $k(T)$ für jede der Reaktionen resultieren, sind gegen die Reaktionsdauer aufgetragen.

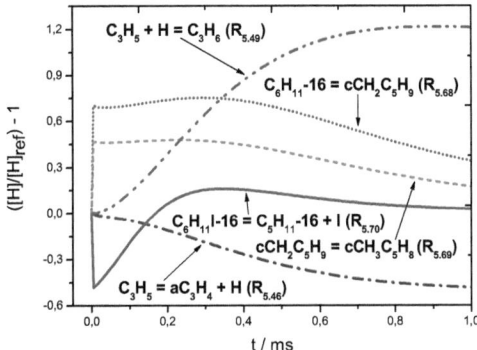

Abbildung 5.54: Störungssensitivitätsanalyse für $C_6H_{11}I$-16: T_5 = 1131 K, p_5 = 2,01 bar, $[C_6H_{11}I\text{-}16]_0$ = 2,30·10^{13} cm^{-3} (1,8 ppm).

Die Störungssensitivitätsanalyse zeigt, dass neben der Dissoziationsreaktion $R_{5.70}$, der Rekombination $C_3H_5 + H \rightarrow C_3H_6$ ($R_{5.49}$) und dem Allyl-Zerfall $R_{5.46}$ (siehe Tabelle 5.7) insbesondere die Reaktionen C_6H_{11}-16 $\rightarrow$ cCH$_2$C$_5$H$_9$ ($R_{5.68}$) und cCH$_2$C$_5$H$_9$ $\rightarrow$ cCH$_3$C$_5$H$_8$ ($R_{5.69}$) einen entscheidenden Einfluss auf die Bildung von H-Atomen haben. Die $k(T)$-Werte für $R_{5.49}$ und $R_{5.46}$ werden aufgrund der cC$_6$H$_{12}$- und 1-C$_6$H$_{12}$-Experimente (siehe Abschnitte 5.2.2 und 5.2.3) als zuverlässig betrachtet. Die kinetischen Daten für $R_{5.70}$ wurden aus der Modellierung der gemessenen I-Profile abgeschätzt. Daher werden im Rahmen der kinetischen Modellierungen durch Anpassen der $k_{R5.68}(T)$- und $k_{R5.69}(T)$-Werte für jedes einzelne Experiment „best fits" generiert. Diese werden anschließend gegen $(1/T)$ aufgetragen. Durch lineare Anpassung werden schließlich die Arrhenius-Parameter abgeleitet. Da für die Spezies keine thermodynamischen Daten im Chemkin-Format erhältlich sind, wurden für $R_{5.68}$ und $R_{5.69}$ die jeweiligen Rückreaktionen separat formuliert. Wenn in so einem Fall die $k_{for}(T)$-Werte der Hinreaktion geändert werden, müssen auch die $k_{rev}(T)$-Werte der Rückreaktionen im gleichen Maß modifiziert werden. Wenn nur die $k_{for}(T)$-Werte verändert werden, würde man die Thermodynamik ebenfalls mit verändern, da k_{for} und k_{rev} über die Gleichgewichtskonstante K_c und damit auch über ΔG^0, ΔH^0_f und ΔS^0 miteinander verknüpft sind. Dieses würde zu einem in sich inkonsistenten Reaktionsmechanismus führen und einen gravierenden Fehler darstellen. Daher wurden im Zuge der kinetischen Modellierungen der $C_6H_{11}I$-16-Experimente modifizierte $k(T)$-Werte für vier Reaktionen erhalten: $R_{5.68}$, $R_{5.69}$, $R_{(-5.68)}$ und $R_{(-5.69)}$.

5. Untersuchte Reaktionen

Tabelle 5.18: Vergleich von abgeleiteten und modifizierten Arrheniusausdrücken mit entsprechenden Literaturangaben.

Reaktion $R_{5.68}$: C_6H_{11}-16 → $cCH_2C_5H_9$			Quelle
A	n	E_a / kcal mol^{-1}	
$2,8 \cdot 10^{12}$	0,0	18,4	Diese Arbeit
$7,9 \cdot 10^4$	1,95	6,5	[85]
$1,0 \cdot 10^{11}$	0,0	15,0	[87]
Reaktion $R_{(-5,68)}$: $cCH_2C_5H_9$ → C_6H_{11}-16			
A	n	E_a / kcal mol^{-1}	
$4,4 \cdot 10^{13}$	0,0	33,1	Diese Arbeit
$2,8 \cdot 10^9$	0,99	23,3	[85]
$1,0 \cdot 10^{14}$	0,0	30,0	[87]
Reaktion $R_{5,69}$: $cCH_2C_5H_9$ → $cCH_3C_5H_8$			
A	n	E_a / kcal mol^{-1}	
$4,0 \cdot 10^{11}$	0,0	23,5	Diese Arbeit
$2,0 \cdot 10^{11}$	0,0	18,3	[87]
Reaktion $R_{(-5,69)}$: $cCH_3C_5H_8$ → $cCH_2C_5H_9$			
A	n	E_a / kcal mol^{-1}	
$6,5 \cdot 10^{11}$	0,0	27,3	Diese Arbeit
$3,2 \cdot 10^{11}$	0,0	22,1	[87]

Für die Reaktionen $R_{5.68}$ und $R_{(-5.68)}$ sind die Werte der Geschwindigkeitskoeffizienten in Abbildung 5.55 dargestellt.

5. Untersuchte Reaktionen

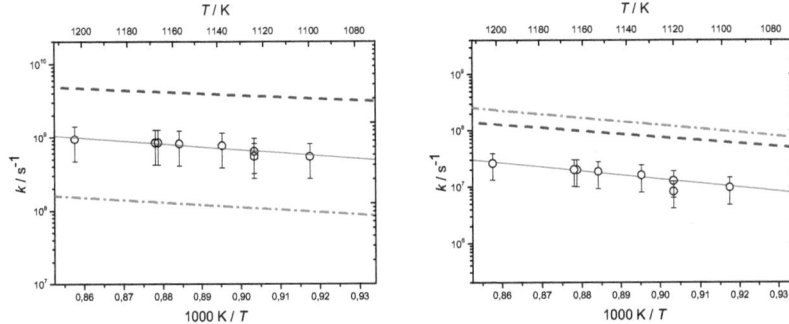

Abbildung 5.55: *Links*: Vergleich von $k(T)$-Werten für $R_{5.68}$. *Rechts*: Vergleich von $k(T)$-Werten für die Rückreaktion $R_{(-5.68)}$. Symbole: $k(T)$-Werte aus dieser Arbeit; strich-punktierte Kurven: $k(T)$-Werte von Granata et al. [87]; gestrichelte Kurven: $k(T)$-Werte von Sirjean et al. [85]. Der Fehler in der Parametrisierung der $k(T)$-Werte wird auf ± 50% abgeschätzt.

Im linken Arrhenius-Diagramm von Abbildung 5.55 ist zu erkennen, dass die aus Modellierungen der Stoßwellen-Experimente abgeleiteten $k(T)$-Werte für $R_{5.68}$ zwischen den von Sirjean et al. [85] berechneten und den von Granata et al. [87] angegebenen Werten liegen. Die für die Rückreaktion abgeleiteten $k(T)$-Werte liegen etwa um einen Faktor 5 – 8 unter denen von Ref. [87] und [85]. In Abbildung 5.56 ist der Einfluss von $R_{5.68}$ veranschaulicht.

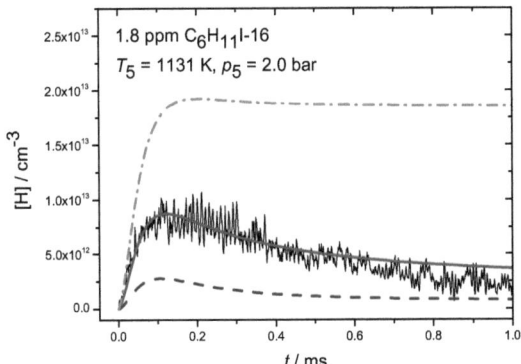

Abbildung 5.56: Einfluss von $R_{5.68}$ auf die Bildung von H-Atomen. Strich-punktierte Kurve (oben): $k_{R5.68}(T)$ und $k_{(-R5.68)}(T)$ von Granata et al. [87]; gestrichelte Kurve: $k_{R5.68}(T)$ und $k_{(-R5.68)}(T)$ von Sirjean et al. [85]; durchgezogene Kurve: $k_{R5.68}(T)$ und $k_{(-R5.68)}(T)$: diese Arbeit.

Wenn für $R_{5.68}$ und die entsprechende Rückreaktion die von Granata et al. angegebenen $k(T)$-Werte verwendet werden, sagt das Reaktionsmodell eine zu hohe Bildungsrate an H-Atomen voraus (siehe gestrichelt-punktierte Kurve in Abbildung 5.56). In Abschnitt 5.3.2 wurde erläutert, dass bezogen auf die Spezies C_6H_{11}-16 $R_{5.68}$ den **Reaktionspfad C** einleitet (siehe Abbildung 5.47 und Seite 85), an dessen Ende C_3H_6 und C_3H_5-Radikale gebildet werden. Letztere rekombinieren mit H-Atomen zu C_3H_6, wodurch insbesondere die aus den anderen Reaktionspfaden (siehe Abbildung 5.43) gebildeten H-Atome verbraucht werden. Im Kontext der Arbeit von Granata et al. stellt $R_{5.68}$ keine dominierende Folgereaktionen von C_6H_{11}-16-Radikalen dar, so dass in der Summe die anderen H-Atom liefernden **Reaktionspfade A** und **B** (siehe Seite 85) dominieren und der Verbrauch an H-Atomen durch die Rekombination mit C_3H_5-Radikalen nicht ins Gewicht fällt.

Auf der anderen Seite führen die von Sirjean et al. [85] berechneten Werte für $R_{5.68}$ dazu, dass das Reaktionsmodell eine zu geringe Bildung an H-Atomen vorhersagt. Wenn diese Geschwindigkeitskoeffizienten für $R_{5.68}$ verwendet werden, so würde $R_{5.68}$ eine sehr stark dominierende einleitende unimolekulare Folgereaktion der C_6H_{11}-16-Radikale darstellen. Damit wiederum wäre **Pfad C** gegenüber den anderen Pfaden stark dominierend. Das Ergebnis wäre, dass im Vergleich zu H-Atomen vorübergehend ein Überschuss an C_3H_5-Radikalen entsteht, der sofort mit gebildeten H-Atomen zu C_3H_6-Molekülen rekombiniert. Aufgrund dessen würde man unter diesen Umständen innerhalb der Mess-Zeit nur ein schwaches H-ARAS-Signal erwarten. Die gemessenen H-Profile deuten jedoch an, dass die $k_{R5.68}(T)$-Werte zwischen diesen beiden Literaturwerten liegen. Wenn die aus den Modellierungen der Stoßwellen-Experimente abgeleiteten $k_{R5.68}(T)$-Werte eingesetzt werden, so können die gemessenen H-Profile reproduziert werden, was sich anhand der in Abbildung 5.56 gezeigten durchgezogenen Kurve erkennen lässt. In Tabelle 5.19 ist der Reaktionsmechanismus dargestellt, der für die Modellierung der Experimente zum thermischen Zerfall von C_6H_{11}I-16 benutzt wurde.

Tabelle 5.19: Mechanismus des thermischen Zerfalls von C_6H_{11}I-16; Parametrisierung: $k(T) = A\,(T/K)^n \exp(-E_a/RT)$; Einheiten: cm^3, s^{-1}, mol^{-1}, K.

Nr.	Reaktion	A	n	E_a/R	Quelle
$R_{5.70}$	C_6H_{11}I-16 $\to$ C_6H_{11}-16 + I	$1,4\cdot 10^{13}$	0,0	22810	Siehe Text
$R_{5.71}$	H + I + Ar $\to$ HI + Ar	$2,1\cdot 10^{10}$	0,5	21997	[81]
$R_{(-5.71)}$	HI + Ar $\to$ H + I + Ar	$5,0\cdot 10^{15}$	0,0	41000	[79]
$R_{5.72}$	I_2 + Ar $\to$ I + I + Ar	$8,2\cdot 10^{13}$	0,0	15250	[82]
$R_{(-5.72)}$	I + I + Ar $\to$ I_2 + Ar	$2,4\cdot 10^{10}$	0,0	-754	[82]
$R_{5.73}$	H + HI $\to$ H_2 + I	$4,5\cdot 10^{13}$	0,0	290	[83]
$R_{5.74}$	H_2 + M $\rightleftarrows$ H + H + M	$2,2\cdot 10^{14}$	0,0	48309	[25]
$R_{(-5.60)}$	C_6H_{11}-16 $\rightleftarrows$ cC_6H_{11}	$1,0\cdot 10^8$	0,86	2969	[84]
$R_{5.57}$	cC_6H_{12} + H $\rightleftarrows$ cC_6H_{11} + H_2	$6,0\cdot 10^{14}$	0,0	4214	[72]
$R_{(-5.61)}$	C_2H_4 + C_4H_7-14 $\rightleftarrows$ C_6H_{11}-16	$1,3\cdot 10^4$	2,48	3085	[67]
$R_{5.62}$	C_4H_7-14 $\to$ $C_2H_4 + C_2H_3$	$8,8\cdot 10^{12}$	-0,22	18263	[9]
$R_{(-5.62)}$	$C_2H_4 + C_2H_3 \to C_4H_7$-14	$2,0\cdot 10^{11}$	0,0	3925	[9]
$R_{5.5}$	C_2H_3 (+M) $\rightleftarrows$ C_2H_2+H (+M)	$3,9\cdot 10^8$ $2,6\cdot 10^{27}$ TROE $\alpha = 1,982$ $T^* = 4,3$	1,62 -3,40 $T^{***} = 5383,7$ $T^{**} = -0,08$	18644 k_∞ 18016 k_0	[38]

$R_{5.63}$	C_6H_{11}-16 $\rightleftharpoons$ C_6H_{11}-13	$3,7 \cdot 10^{12}$	-0,6	7670	[84]
$R_{(-5.64)}$	$C_4H_6 + C_2H_5 \rightleftharpoons C_6H_{11}$-13	$1,3 \cdot 10^4$	2,48	3085	[67]
$R_{5.59}$	$C_2H_5 + Ar \rightleftharpoons C_2H_4 + H + Ar$	$1,0 \cdot 10^{18}$	0,0	16800	[79]
$R_{5.68}$	C_6H_{11}-16 $\rightarrow$ $cCH_2C_5H_9$	$2,8 \cdot 10^{12}$	0,0	9260	Diese Arbeit
$R_{(-5.68)}$	$cCH_2C_5H_9 \rightarrow C_6H_{11}$-16	$4,4 \cdot 10^{13}$	0,0	16637	Diese Arbeit
$R_{5.69}$	$cCH_2C_5H_9 \rightarrow cCH_3C_5H_8$	$4,0 \cdot 10^{11}$	0,0	11850	Diese Arbeit
$R_{(-5.69)}$	$cCH_3C_5H_8 \rightarrow cCH_2C_5H_9$	$6,5 \cdot 10^{11}$	0,0	13750	Diese Arbeit
$R_{5.75}$	$cCH_3C_5H_8 \rightarrow C_5H_8CH_3$-15	$1,0 \cdot 10^{14}$	0,0	15600	[87]
$R_{(-5.75)}$	$C_5H_8CH_3$-15 $\rightarrow cCH_3C_5H_8$	$1,0 \cdot 10^{11}$	0,0	6550	[87]
$R_{5.76}$	$cCH_3C_5H_8 \rightarrow C_6H_{11}$-15	$1,0 \cdot 10^{14}$	0,0	14600	[87]
$R_{(-5.76)}$	C_6H_{11}-15 $\rightarrow cCH_3C_5H_8$	$1,0 \cdot 10^{11}$	0,0	7050	[87]
$R_{5.80}$	$C_5H_8CH_3$-15 $\rightarrow C_3H_6 + C_3H_5$	$1,0 \cdot 10^{14}$	0,0	14100	[87]
$R_{5.81}$	C_6H_{11}-15 $\rightarrow C_3H_6 + C_3H_5$	$1,0 \cdot 10^{14}$	0,0	15100	[87]
$R_{5.46}$	$C_3H_5 \rightleftharpoons aC_3H_4 + H$	$8,5 \cdot 10^{79}$	-19,29	47979	[61] [a]
$R_{5.49}$	$C_3H_5 + H \rightleftharpoons C_3H_6$	$5,3 \cdot 10^{13}$	0,18	- 63	[63]

[a] pre-exponentieller Faktor A des $k(T)$-Ausdrucks für 1 bar wurde um den Faktor 1,6 erhöht (siehe Abschnitt 5.2.2)

Bedingt durch das gleichzeitige Auftreten von drei verschiedenen zu berücksichtigenden Reaktionspfaden für den thermischen Zerfall von C_6H_{11}-16 besitzt der angegebene Reaktionsmechanismus eine gewisse Komplexität. Diese äußert sich darin, dass der Reaktionsmechanismus 23 Spezies und 28 Reaktionen enthält. Mit diesem Reaktionsmechanismus und den abgeleiteten $k(T)$-Werten für $R_{5.68}$, $R_{5.69}$, $R_{(-5.68)}$ und $R_{(-5.69)}$ werden im folgenden Abschnitt die Experimente zur Untersuchung der Reaktion von cC_6H_{12} mit H-Atomen abschließend ausgewertet.

5.3.4 Kinetische Untersuchung zur Reaktion von Cyclohexan mit Wasserstoff-Atomen: Abschließende Auswertungen

Mit den Untersuchungen zum thermischen Zerfall von $C_6H_{11}I$-16 sollte insbesondere ermittelt werden, wie groß der Einfluss der 5-exo-Cyclisierung C_6H_{11}-16 $\rightarrow cCH_2C_5H_9$ ($R_{5.68}$) verglichen mit den anderen unimolekularen Folgereaktionen des C_6H_{11}-16-Radikals ist. Am Ende von Abschnitt 5.3.2 wurde erläutert, dass die Geschwindigkeit dieser Reaktion bezogen auf die Experimente zum System „cC_6H_{12} + H" einen erheblichen Einfluss auf die vorhergesagte Bildung bzw. den Verbrauch an H-Atomen hat. In der Literatur liegen bezüglich $R_{5.68}$ zwei Angaben vor [87, 85], die jedoch erheblich differieren und ohne Kenntnis der Geschwindigkeitskoeffizienten von $R_{5.68}$ kann für die eigentlich zu untersuchende Reaktion $cC_6H_{12} + H \rightarrow cC_6H_{11} + H_2$ ($R_{5.57}$) kein Arrhenius-Ausdruck abgeleitet werden. Die in dieser Arbeit durchgeführten Experimente zum thermischen Zerfall von $C_6H_{11}I$-16 liefern für $k(T)$ von $R_{5.68}$ eine Abschätzung, die trotz der relativ großen experimentellen Unsicherheit (± 50%) deutlich zeigt, dass die Geschwindigkeitskoeffizienten von $R_{5.68}$

5. Untersuchte Reaktionen

zwischen den beiden Literaturangaben liegen. Somit haben diese Experimente einen Anhaltspunkt über den tatsächlichen Einfluss von $R_{5.68}$ geliefert.

In Tabelle 5.20 ist der Reaktionsmechanismus angegeben, der für die Modellierung der Stoßwellen-Experimente zum System „cC_6H_{12} + H" verwendet wurde. Dieser Reaktionsmechanismus ist nahezu identisch mit demjenigen, der in Tabelle 5.19 dargestellt ist. Die einzigen Unterschiede bestehen darin, dass 1.) anstelle von $R_{5.70}$ ($C_6H_{11}I$-16 → C_6H_{11}-16 + I) jetzt der thermische Zerfall von C_2H_5I ($R_{5.58}$) enthalten ist, da C_2H_5I als *in situ*-Quelle für H-Atome eingesetzt wurde, und 2.) die zu untersuchende Reaktion $R_{5.57}$ (cC_6H_{12} + H ⇌ cC_6H_{11} + H_2) hinzugefügt wurde. Dieser Mechanismus enthält somit 29 Reaktionen und ebenfalls 23 Spezies.

Tabelle 5.20: Mechanismus zur Beschreibung der H-Abstraktion von cC_6H_{12} mit H-Atomen als Reaktionspartner. Parametrisierung: $k(T) = A\,(T/K)^n \exp(-E_a/RT)$; Einheiten: cm^3, s^{-1}, mol^{-1}, K.

Nr.	Reaktion	A	n	E_a/R	Quelle
$R_{5.58}$	C_2H_5I ⇌ C_2H_5 + I	$7{,}0 \cdot 10^{12}$	0,0	22810	[28]
$R_{5.59}$	C_2H_5 + Ar ⇌ C_2H_4 + H + Ar	$1{,}0 \cdot 10^{18}$	0,0	16800	[79]
$R_{5.71}$	H + I + Ar → HI + Ar	$2{,}1 \cdot 10^{10}$	0,5	21997	[81]
$R_{(-5.71)}$	HI + Ar → H + I + Ar	$5{,}0 \cdot 10^{15}$	0,0	41000	[79]
$R_{5.72}$	I_2 + Ar → I + I + Ar	$8{,}2 \cdot 10^{13}$	0,0	15250	[82]
$R_{(-5.72)}$	I + I + Ar → I_2 + Ar	$2{,}4 \cdot 10^{10}$	0,0	-754	[82]
$R_{5.73}$	H + HI → H_2 + I	$4{,}5 \cdot 10^{13}$	0,0	290	[83]
$R_{5.74}$	H_2 + M ⇌ H + H + M	$2{,}2 \cdot 10^{14}$	0,0	48309	[25]
$R_{5.57}$	cC_6H_{12} + H ⇌ cC_6H_{11} + H_2	$6{,}3 \cdot 10^{13}$	0,0	2505	Diese Arbeit
$R_{(-5.60)}$	C_6H_{11}-16 ⇌ cC_6H_{11}	$1{,}0 \cdot 10^{8}$	0,86	2969	[84]
$R_{(-5.61)}$	C_2H_4 + C_4H_7-14 ⇌ C_6H_{11}-16	$1{,}3 \cdot 10^{4}$	2,48	3085	[67]
$R_{5.62}$	C_4H_7-14 → C_2H_4+C_2H_3	$8{,}8 \cdot 10^{12}$	-0,22	18263	[9]
$R_{(-5.62)}$	C_2H_4+C_2H_3 → C_4H_7-14	$2{,}0 \cdot 10^{11}$	0,0	3925	[9]
$R_{5.5}$	C_2H_3 (+M) ⇌ C_2H_2+H (+M)	$3{,}9 \cdot 10^{8}$ $2{,}6 \cdot 10^{27}$ TROE α = 1,982 T^{***} = 5383,7 T^* = 4,3 T^{**} = -0,08	1,62 -3,40	18644 k_∞ 18016 k_0	[38]
$R_{5.63}$	C_6H_{11}-16 ⇌ C_6H_{11}-13	$3{,}7 \cdot 10^{12}$	-0,6	7670	[84]
$R_{(-5.64)}$	C_4H_6 + C_2H_5 ⇌ C_6H_{11}-13	$1{,}3 \cdot 10^{4}$	2,48	3085	[67]
$R_{5.68}$	C_6H_{11}-16 → $cCH_2C_5H_9$	$2{,}8 \cdot 10^{12}$	0,0	9260	Diese Arbeit
$R_{(-5.68)}$	$cCH_2C_5H_9$ → C_6H_{11}-16	$4{,}4 \cdot 10^{13}$	0,0	16637	Diese Arbeit
$R_{5.69}$	$cCH_2C_5H_9$ → $cCH_3C_5H_8$	$4{,}0 \cdot 10^{11}$	0,0	11850	Diese Arbeit
$R_{(-5.69)}$	$cCH_3C_5H_8$ → $cCH_2C_5H_9$	$6{,}5 \cdot 10^{11}$	0,0	13750	Diese Arbeit
$R_{5.75}$	$cCH_3C_5H_8$ → $C_5H_8CH_3$-15	$1{,}0 \cdot 10^{14}$	0,0	15600	[87]
$R_{(-5.75)}$	$C_5H_8CH_3$-15 → $cCH_3C_5H_8$	$1{,}0 \cdot 10^{11}$	0,0	6550	[87]
$R_{5.76}$	$cCH_3C_5H_8$ → C_6H_{11}-15	$1{,}0 \cdot 10^{14}$	0,0	14600	[87]

5. Untersuchte Reaktionen

$R_{(-5.76)}$	$C_6H_{11}-15 \rightarrow cCH_3C_5H_8$	$1{,}0 \cdot 10^{11}$	0,0	7050	[87]
$R_{5.80}$	$C_5H_8CH_3-15 \rightarrow C_3H_6 + C_3H_5$	$1{,}0 \cdot 10^{14}$	0,0	14100	[87]
$R_{5.81}$	$C_6H_{11}-15 \rightarrow C_3H_6 + C_3H_5$	$1{,}0 \cdot 10^{14}$	0,0	15100	[87]
$R_{5.46}$	$C_3H_5 \rightleftharpoons aC_3H_4 + H$	$8{,}5 \cdot 10^{79}$	-19,29	47979	[61] [a]
$R_{5.49}$	$C_3H_5 + H \rightleftharpoons C_3H_6$	$5{,}3 \cdot 10^{13}$	0,18	- 63	[63]

[a] pre-exponentieller Faktor A des $k(T)$-Ausdrucks für 1 bar wurde um den Faktor 1,6 erhöht (siehe Abschnitt 5.2.2)

Abbildung 5.57 enthält eine graphische Übersicht über die Reaktionen, die für den thermischen Zerfall der Cyclohexyl-Radikale relevant sind.

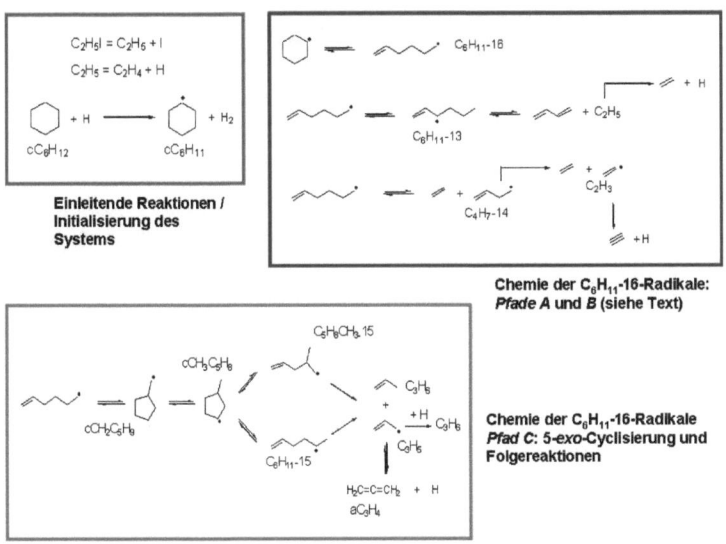

Abbildung 5.57: Graphische Darstellung des in Tabelle 5.20 gezeigten Reaktionsmechanismus.

Basierend auf dem detaillierten Reaktionsmodell lässt sich durch Anpassen der Geschwindigkeitskoeffizienten für $R_{5.57}$ für jedes einzelne Experiment, das sich auf die Reaktion von H-Atomen mit cC_6H_{12} bezieht, eine größtmögliche Übereinstimmung zwischen berechneten und gemessenen H-Profilen erzielen. Die in Abbildung 5.52 dargestellte Störungssensitivitätsanalyse (siehe Abschnitt 5.3.2) hat gezeigt, dass $R_{5.57}$ in dem untersuchten Temperaturbereich die Reaktion ist, die auf den zeitlichen Verlauf der H-Atombildung bzw. den Verbrauch an H-Atomen den größten Einfluss hat. Die aus den Modellierungen jedes einzelnen Experiments abgeleiteten Geschwindigkeitskoeffizienten lassen sich dann in einem Arrhenius-Diagramm darstellen und durch lineare Anpassung Arrhenius-Parameter für $R_{5.57}$ ableiten. In Abbildung 5.58 sind die experimentell abgeleiteten $k(T)$-Werte für $R_{5.57}$ dargestellt und werden mit den in Abschnitt 5.3.1 erwähnten Literaturangaben (siehe Abbildung 5.40) verglichen.

5. Untersuchte Reaktionen

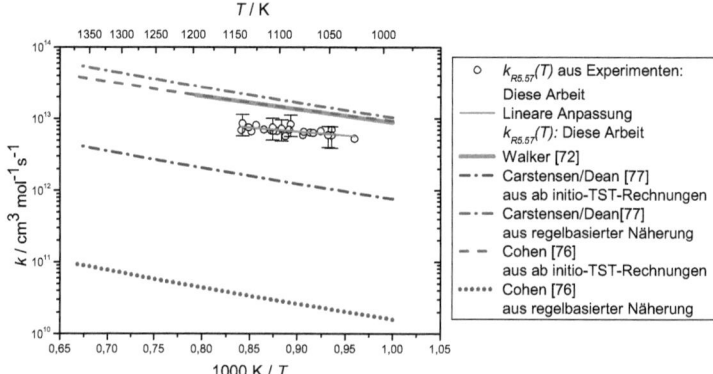

Abbildung 5.58: Arrhenius-Diagramm der Geschwindigkeitskoeffizienten der Reaktion $R_{5.57}$ ($cC_6H_{12} + H \rightleftharpoons cC_6H_{11} + H_2$). Vergleich zwischen den Geschwindigkeitskoeffizienten aus dieser Arbeit mit denen aus Ref. [72, 76, 77].

Für $R_{5.57}$ wurde aus den Modellierungen für den untersuchten Temperaturbereich von 1050 bis knapp 1200 K bei Drücken von rund 2,0 bar der folgende Arrhenius-Ausdruck abgeleitet:

$$k_{R5.57}(T) = 6{,}3 \cdot 10^{13} \exp(-2505 \text{ K}/T) \text{ cm}^3\text{mol}^{-1}\text{s}^{-1}. \quad (5.14)$$

Die in dieser Arbeit abgeleiteten Geschwindigkeitskoeffizienten stimmen relativ gut mit der von Walker [72] angegebenen Abschätzung sowie mit den Ergebnissen der *ab initio*-TST-Rechnungen von Cohen [76] und den von Carstensen und Dean aus der regelbasierten Näherung resultierenden $k_{R5.57}(T)$-Werten überein [77]. Die aus der von Cohen angegebenen regelbasierten Näherung stammenden Geschwindigkeitskoeffizienten weichen am stärksten ab und durch die Verwendung dieser Werte im Reaktionsmodell wäre eine Interpretation der vorliegenden Stoßwellen-Experimente nicht möglich. Auch die von Carstensen und Dean [77] aus den *ab initio*-TST-Rechnungen ermittelten $k(T)$-Werte für $R_{5.57}$ weichen beträchtlich von den experimentell bestimmten Geschwindigkeitskoeffizienten ab. Interessant ist, dass die von Ihnen aus der regelbasierten Näherung stammenden $k_{R5.57}(T)$-Werte wiederum relativ gut zu den experimentellen $k_{R5.57}(T)$-Werten passen. Das ist überraschend, weil es sich um einen empirischen Zusammenhang handelt, der das Ergebnis einer Prozedur von Mittelungen über Arrheniusausdrücke von vergleichbaren Abstraktionsreaktionen ist und somit prinzipiell stärker fehlerbehaftet ist als die für jede einzelne Abstraktionsreaktion explizit berechneten Geschwindigkeitskoeffizienten. Der Grund für die Abweichungen der von Carstensen und Dean aus *ab initio*-TST-Rechnungen ermittelten $k(T)$-Werte für $R_{5.57}$ ist nicht ersichtlich. In Abbildung 5.59 ist gezeigt, dass sich mit dem in Tabelle 5.20 angegebenen Reaktionsmodell die H-ARAS-Experimente zur Reaktion von cC_6H_{12} mit H-Atomen reproduzieren lassen.

5. Untersuchte Reaktionen

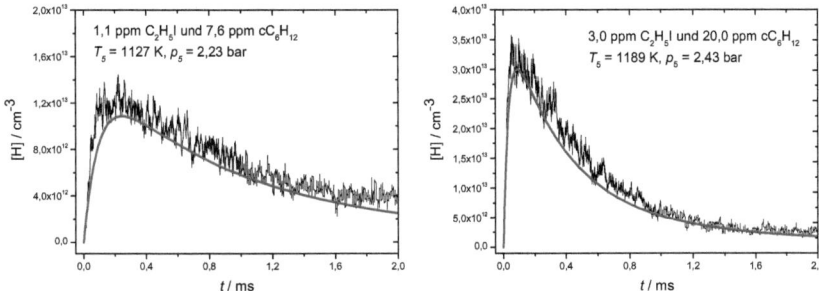

Abbildung 5.59: Vergleich von gemessenen H-Profilen mit H-Profilen, die mit dem in Tabelle 5.20 gezeigten Reaktionsmodell berechnet wurden.

Zusammenfassend ist festzuhalten, dass sich sowohl die Experimente zum kinetischen System „cC_6H_{12} + H" als auch die Experimente zum thermischen Zerfall von 1-Hexen-6-yl-Radikalen in sich konsistent beschreiben lassen. Für die Abstraktionsreaktion $cC_6H_{12} + H \rightarrow cC_6H_{11} + H_2$ wurden erstmalig für verbrennungstechnisch relevante Bedingungen experimentelle Geschwindigkeitskoeffizienten abgeleitet.
Bezüglich des Reaktionsmechanismus zum thermischen Zerfall der Cyclohexyl-Radikale haben die Stoßwellen-Experimente insgesamt zu interessanten Einsichten geführt, die sich auch auf kinetische Untersuchungen anderer Modelltreibstoffkomponenten wie z.B. dem thermischen Zerfall von Methyl-Cyclohexan übertragen lassen können. Bei dem thermischen Zerfall von Methyl-Cyclohexan kann es beispielsweise zu einer Abspaltung der CH_3-Gruppe kommen, wodurch Cyclohexyl-Radikale entstehen. Analog dazu wird der Reaktionsmechanismus der Cyclohexyl-Radikale auch bei Pyrolyse- und Oxidationsprozessen von anderen einfach substituierten Cyclohexan-Systemen wie Ethyl- und Propyl-Cyclohexan eine relativ wichtige Rolle spielen.

6. Ausblick

Der Schwerpunkt dieser Arbeit lag auf kinetischen Untersuchungen zum thermischen Zerfall von Cyclohexan und Cyclohexyl-Radikalen. Neben Cyclohexan werden insbesondere auch Methyl- und Propyl-Cyclohexan sowie Decalin als Modelltreibstoff-Komponenten für Kerosin betrachtet. Insbesondere zur Pyrolyse und zur Hochtemperatur-Oxidation von Propyl-Cyclohexan und Decalin liegen jedoch kaum experimentelle Daten vor, so dass bezüglich dieser Spezies experimentelle kinetische Studien wünschenswert wären.

Im Rahmen dieser Arbeit wurden kinetische Systeme untersucht, die bezogen auf die Interpretation von ARAS-Stoßwellenexperimenten von hoher Komplexität sind. Jedoch haben die Auswertungen der Experimente zur H-Abstraktion von Cyclohexan gezeigt, dass bei komplizierteren kinetischen Systemen eine eindeutige und schlüssige Interpretation der Experimente und damit Rückschlüsse auf einen Reaktionsmechanismus nicht mehr unmittelbar möglich sind. So mussten, um das System „Cyclohexan + H" interpretieren zu können, Experimente zum thermischen Zerfall von 1-Hexen-6-yl-Radikalen durchgeführt werden. Gleiches trifft auch auf das 1,3-Butadien zu. Nur durch zusätzliche Untersuchungen zum thermischen Zerfall von 2-Butin ist es möglich gewesen, die experimentellen Befunde zu interpretieren und zu verstehen. Bei noch komplexeren Systemen wie dem Propyl-Cyclohexan würden H-ARAS-Stoßwellen-Experimente zu keinen aussagefähigen Ergebnissen mehr führen, weil die Bildung von H-Aomen das Ergebnis mehrerer ablaufender Reaktionspfade wäre. D.h., dass z.B. die Pyrolyse einer derartigen Spezies nur durch mehrere Teilmechanismen beschrieben werden kann, wobei diese Teilmechanismen darüber hinaus oft auch miteinander gekoppelt sind.

Um die erwähnten Modelltreibstoff-Komponenten experimentell untersuchen zu können ist es notwendig, für weitere Stoßwellen-Experimente eine andere Detektionsmethode heranzuziehen. Eine Alternative besteht darin, hinter den reflektierten Stoßwellen mittels schnell schaltender Ventile Gasproben zu entnehmen und z.B. mittels gaschromatographischer Analysen die Verteilung stabiler Reaktionsprodukte zu messen. Denkbar wäre es auch die in den entnommenen Gasproben befindlichen Spezies mittels FTIR-Spektrometrie oder einem Massenspektrometer qualitativ und quantitativ zu bestimmen. Die Bestimmung von Produktverteilungen in Kombination mit gemessenen Zündverzugszeiten könnte es prinzipiell ermöglichen, vorgeschlagene Reaktionsmodelle für den thermischen Zerfall von Propyl-Cyclohexan und Decalin zu validieren und ggf. weiter zu entwickeln.

7. Bibliographie

[1] Behrendt, F., Renn, O., Schüth, F., Umbach, E., *Konzept für ein integriertes Energieforschungsprogramm für Deutschland,* 2009.

[2] Dagaut, P., *Physical Chemistry Chemical Physics* **4**, 2079-2094 (2002).

[3] Gauthier, B. M., Davidson, D. F., Hanson, R. K., *Combustion and Flame* **139**, 300 - 311 (2004).

[4] Dagaut, P., Bakali, A.-E., Ristori, A., *Fuel* **85**, 944 - 956 (2006).

[5] Dagaut, P., Gail, S., *BookTI - Proceedings of the ASME TURBO EXPO, Vol. 2 Amer Soc Mechanical Engineers*, Three Park Avenue, New York, NY 10016-5990 USA, 2007.

[6] Colket, M., Edwards, T., Williams, S., Chernansky, N. P., Miller, D. L., Egolfopoulos, F., Lindstedt, P., Seshadri, K., Dryer, F. L., Law, C. K., Friend, D., Lenhert, D. B., Pietsch, H., Sarofim, A., Smooke, M., Tsang, W., *46th AIAA Aerospace Sciences Meeting and Exhibit, Reno, Nevada, Jan. 7-10, 2008, AIAA-2008-972.*

[7] Braun-Unkhoff, M., Frank, P., El-Bakali, A., Ristori, A., Dagaut, P., Cathonnet, M., *Proceedings 16th Internat. Symp. on Gas Kinetics,* 2000, 16.

[8] Slavinskaya, N., Braun-Unkhoff, M., Frank, P., *AIAA Aerospace Sciences Meeting and Exhibit,* 2005, 43, AIAA-2005-1313.

[9] Silke, E., Pitz J., Westbrook, C. K., Ribaucour, M., *Journal of Physical Chemistry A* **111**, 3761-3775 (2007).
Der Reaktionsmechanismus sowie die thermodynamischen Daten zur Oxidation von Cyclohexan können auf folgender Internetseite heruntergeladen werden:
https://www-pls.llnl.gov/?url=science_and_technology-chemistry-combustion-cyclohexane.

[10] Tsang, W., *International Journal of Chemical Kinetics* **5**, 651-662 (1973).

[11] Hidaka, Y., Higashihara T. Ninomiya, N., Masaoka H., Nakamura, T., Kawano H., *International Journal of Chemical Kinetics* **28**, 137-151 (1996).

[12] Tsang, W., Mokrushin V., *Proceedings of the Combustion Institute* **28**, 1717-1723 (2000).

[13] Tranter, R. S., Sivaramakrishnan R. Srinivasan, N., Brezinsky K., *International Journal of Chemical Kinetics* **33**, 722-731 (2001).

7.Bibliographie

[14] Lifshitz, A. (Editor), *Shock Waves in Chemistry*, (Marcel Dekker, Inc., New York, 1981.

[15] Tsang, W., Lifshitz, A., *Annual Review of Physical Chemistry* **41**, 559-599 (1990).

[16] Vieille, P., *Comptes Rendus des Seances de l'Academie des Sciences*, 129, 1899.

[17] Naumann, C. *NICOLET 7, Programm zur Berechnung der Zustandsgrößen im Stoßrohrexperiment*, DLR, Stuttgart, 1998.

[18] Lutz, A. E., Kee, R. J., Miller, J. A., *SENKIN: A fortran program for predicting homogeneous gas phase chemical kinetics with sensitivity analysis*, Sandia National Laboratories, Livermore, CA 94551-0969, report SAND87-8248, February 1988.

[19] Walter, W., *Gewöhnliche Differentialgleichungen*, Springer-Verlag, 2000.

[20] Gear, C. W., *IEEE Trans. on Circuit Theory* **1**, 89-95 (1971).

[21] Petzold, L. R., *A Description of DASSL: A Differential/Algebraic System Solver*, Proc. IMACS World Congress, 1982.

[22] Roth, P., Just, Th., *Berichte der Bunsengesellschaft für Physikalische Chemie* **79**, 682-686 (1975).

[23] Th. Just in: *Shock Waves in Chemistry*, A. Lifshitz (Editor), M. Dekker, New York,1981.

[24] Frank, P., Just, Th., *Berichte der Bunsengesellschaft für Physikalische Chemie* **89**, 181-187 (1985).

[25] Masten, David A., Hanson, R. K., Bowman, C., T., *Journal of Physical Chemistry* **94**, 7119-7128 (1990).

[26] Kumaran, S. S., Su, M. C., Lim, M. C., Michael, J. V., *Proceedings of the Combustion Institute* **26**, 605-611 (1996).

[27] Scherer, S., *Dissertation, Universität Stuttgart*, 2001.

[28] Bentz, T., *Dissertation, Universität Karlsruhe*, 2007.

[29] Xu, C., *Dissertation, Universität Karlsruhe*, 2009.

[30] Laue, T., Plagens, A., *Namen- und Schlagwort-Reaktionen der Organischen Chemie*, 1998.

[31] Frenklach, M., Warnatz, J., *Combustion Science and Technology* **51**, 265-283 (1987).

[32] Kiefer, J. H., Wei, H. C., Kern, R. D., Wu, C. H., *International Journal of Chemical Kinetics* **17**, 225 - 253 (1985).

[33] Kiefer, J. H., Mitchell, K. I., Wei, H. C., *International Journal of Chemical Kinetics* **20**, 787 - 809 (1988).

[34] Rao, V. S., Takeda, Kunio, Skinner, Gordon B., *International Journal of Chemical Kinetics* **20**, 153 - 164 (1988).

[35] Laskin, A., Wang, H., Law, C. K., *International Journal of Chemical Kinetics* **32**, 589 - 614 (2000).

[36] Wang, H.: University of California at Los Angeles (USA), *http://ignis.usc.edu/Mechanisms/C4H6/c4h6.html*, 2000.

[37] Wang, H., Frenklach M., *Combustion and Flame* **110**, 173-221 (1997).

[38] Knyazev, V. D., Slagle I. R., *Journal of Physical Chemistry* **100**, 16899-16911 (1996).

[39] Hidaka, Y, Higashihara, T., Ninomiya, N., Oshita, H., Kawanom H., *Journal of Physical Chemistry* **97**, 10977-10983 (1993).

[40] Leung, K. M., Lindstedt, R. P., *Combustion and Flame* **102**, 129 - 160 (1995).

[41] Belmekki, N., Glaude, P. A., Da Costa, I., Fournet, R., Battin-Leclerc, F., *International Journal of Chemical Kinetics* **34**, 172-183 (2002).

[42] Baulch, D. L., Cobos. C. J.; Cox, Cox, R. A., Frank, P., Hayman, G., Just, Th., Kerr, J. A., Murrells, T., Pilling, M. J., Troe, J., Walker, R. W., Warnatz., J., *Journal of Physical and Chemical Reference Data* **23**, 847-1033 (1994).

[43] Vasudevan, Venkatesh, Hanson, Ronald K., Golden, David M., Bowman, Craig T., Davidson, D. F., *Journal of Physical Chemistry A* **111**, 4062-4072 (2007).

[44] Baulch, D. L., Cobos. C. J.; Cox, Cox, R. A., Esser, C., Frank, P., Just, Th., Kerr, J. A., Murrells, T., Pilling, M. J., Troe, J., Walker, R. W., Warnatz., J., *Journal of Physical and Chemical Reference Data* **21**, 411-734 (1992).

[45] Braun-Unkhoff, M., Kurz, A., Frank, P., Just, Th., *Proceedings of the 17th International Symposium on Shock Waves 1989, 493*.

[46] Wang, H., *Dissertation, The Pennsylvania State University, University Park, PA, USA,* 1992.

[47] Tsang, W., Mokrushin, V., *Proceedings of the Combustion Institute* **28,** 1717-1723 (2000).

[48] Dean, A. M., *Journal of Physical Chemistry* **85,** 4600-4608 (1985).

[49] Hopf, H., Wachholz, G., Walsh, R., *Chemische Berichte – Recueil* **118,** 3579-3587 (1985).

[50] Graf v. d. Schulenburg, W.-K., *Dissertation, Universität Braunschweig,* 1999.

[51] Chambreau, S. A., Lemieux J. Wang, L. M., Zhang, J. S., *Journal of Physical Chemistry A* **109,** 2190-2196 (2005).

[52] Voisin, D., Marchal, A., Reuillon, M., Boettner, J. C., Cathonnet, M., *Combustion Science and Technology* **138,** 137-158 (1998).

[53] El Bakali, A., Braun-Unkhoff, M., Dagaut, P., Frank, P., Cathonnet, M., *Proceedings of the Combustion Institute* **28,** 1631-1638 (2000).

[54] Tsang, W., *International Journal of Chemical Kinetics* **10,** 1119-1138 (1978).

[55] Brown, T. C., King, K. D., Ngyuen, T. T., *Journal of Physical Chemistry* **90,** 419-424 (1986).

[56] Sirjean, B., Glaude A., P., Ruiz-Lopez, M. F., Fournet R., *Journal of Physical Chemistry A* **110,** 12693-12704 (2006).

[57] Kiefer, J. H., Gupte, K. S., Harding, L. B., Klippenstein, S. J., *Journal of Physical Chemistry A* **113,** 13570-13583 (2009).

[58] King, K. D., *International Journal of Chemical Kinetics* **11,** 1071-1080 (1979).

[59] Kiefer, J. H., Manson, A. C., *Review of Scientific Instruments* **52,** 1392-1396 (1981).

[60] Goos, E., Burcat, A., Ruscic, B., *Ideal Gas Phase Thermodynamic Data in Polynomial form for Combustion and Air Pollution Use, http://garfield.chem.elte.hu/Burcat/BURCAT.THR,* 2008.

[61] Fernandes, R. X., Giri, B. R., Hippler, H., Kachiani, C., Striebel, F., *Journal of Physical Chemistry A* **109,** 1063-1070 (2005).

[62] Yamauchi, N., Miyoshi, A., Kosaka, K., Koshi, M., Matsui, H., *Journal of Physical Chemistry A* **103,** 2723-2733 (1999).

[63] Harding, L. B., Klippenstein, S. J., Georgievskii, Y., *Journal of Physical Chemistry A* **111**, 3789-3801 (2007).

[64] Tsang, W., *Journal of Physical and Chemical Reference Data* **20**, 221-273 (1991).

[65] Kiefer, J. H., Kumaran, S. S., Mudipalli, P. S., *Chemical Physics Letters* **224**, 51 - 55 (1994).

[66] Bentz, T., Giri, B. R., Hippler, H., Olzmann, M., Striebel, F., Szoeri M., *Journal of Physical Chemistry A* **111**, 3812-3818 (2007).

[67] Curran, H. J., *International Journal of Chemical Kinetics* **38**, 250 - 275 (2006).

[68] Tsang, W., *Journal of Physical and Chemical Reference Data* **17**, 887-951 (1988).

[69] Lide, D. R. (Editor), *CRC Press - Handbook of Chemistry and Physics - 84th Edition*, 2004.

[70] J. Warnatz in: *Combustion Chemistry; Gardiner, W. C (Editor)*, 1984.

[71] Hanning-Lee, M. A., Pilling, M., *International Journal of Chemical Kinetics* **24**, 271-278 (1992).

[72] Walker, R., *Gas kinetic and energy transfer, The Chemical Society, London, Vol.2*, 1977.

[73] Baldwin, R. R., Walker, R. W., *Journal of the Chemical Society – Faraday Transactions I* **75**, 140-154 (1979).

[74] Cohen, N., *International Journal of Chemical Kinetics* **14**, 1339 - 1362 (1982).

[75] Cohen, N., Westberg, K. R., *International Journal of Chemical Kinetics* **18**, 99-140 (1986).

[76] Cohen, N., *International Journal of Chemical Kinetics* **23**, 683-700 (1991).

[77] Carstensen, H.-H., Dean, A. M., *Journal of Physical Chemistry A* **113**, 367-380 (2009).

[78] Yang, J., Conway, D. C., *Journal of Physical Chemistry* **43**, 1296-1304 (1965).

[79] Wintergerst, K., *Dissertation, Universität Stuttgart*, 1993.

[80] Herzler, J., *Dissertation, Universität Stuttgart*, 1994.

[81] Campbell, Edwin S., Fristrom R. M., *Chemical Reviews* **58**, 173-234 (1958).

7.Bibliographie

[82] Baulch, D. L., Duxbury, J., Grant, S. J., Montague, D. C., *Journal of Physical and Chemical Reference Data* **10**, 1-721 (1981).

[83] Lorenz, K., Wagner, Hg., Zellner, R., *Berichte der Bunsengesellschaft für Physikalische Chemie* **83**, 556-560 (1979).

[84] Matheu, D. M., Green, W. H., Grenda, J. M., *International Journal of Chemical Kinetics* **35**, 95-119 (2003).

[85] Sirjean, B., Glaude A., P., Ruiz-Lopez, M. F., Fournet R., *Journal of Physical Chemistry A* **112**, 11598-11610 (2008).

[86] Bozzelli, J. W., Chang, A. Y., Dean, A. M., *International Journal of Chemical Kinetics* **29**, 161-170 (1997).

[87] Granata, S., Faravelli, T., Ranzi, E., *Cobustion and Flame* **132**, 533-544 (2003).

[88] Carey, F. A., Sundberg, R. J., *Advanced Organic Chemistry Part A: Structure and Mechanisms*, Springer Science+Business Media, LLC, New York, 2007.

[89] Spellmeyer, D. C., Houk, K. N., *Journal of Organic Chemistry* **52**, 959-974 (1987).

[90] NIST (National Institute of Standards and Technology), *NIST Chemistry Webbook;* http://webbook.nist.gov/chemistry/.

8. Anhang – Zusammenstellung der thermodynamischen Daten

Sämtliche hier präsentierten thermodynamischen Daten sind im ChemKin-Format zusammengestellt. Zu jeder Spezies sind folgende Informationen enthalten: Der Name der Spezies, die Element-Zusammensetzung dieser Spezies und die Temperaturbereiche über die die thermodynamischen Daten durch ein Polynom höherer Ordnung gefittet werden. Die Polynom-Fits zu C_p^0/R, H^0/RT und S^0/R bestehen jeweils aus bis zu 7 Koeffizienten ($a_1 - a_7$) für zwei Temperaturbereiche (siehe Abschnitt 3.2). Das ChemKin-Format besteht aus 4 Zeilen, die wie folgt aufgebaut sind:

Tabelle 7.1 : Aufbau des ChemKin-Formats (Zahlenangaben in Zeichen).

Zeile Nr.	Spalte	Inhalt
1)	1-18	Name der Spezies
	19-24	Datum
	25-26	Element I
	27-29	Anzahl der Atome von Element I
	30-31	Element II
	32-34	Anzahl der Atome von Element II
	35-36	Element III
	37-39	Anzahl der Atome von Element III
	40-41	Element IV
	42-44	Anzahl der Atome von Element IV
	45	Aggregatzustand
	46-55	Niedrigste Temperatur T_1 des Temperaturbereichs
	56-64	Höchste Temperatur T_3 des Temperaturbereichs
	65-73	Umschalt-Temperatur T_2 zwischen den Koeffizienten bei tiefer und hoher Temperatur
	74-75	Element V
	76-78	Anzahl der Atome von Element V
	79-80	Zeilennummer (optional)
2)	1-15	Koeffizient a_1 für $T > T_2$
	16-30	Koeffizient a_2 für $T > T_2$
	31-45	Koeffizient a_3 für $T > T_2$
	46-60	Koeffizient a_4 für $T > T_2$
	61-75	Koeffizient a_5 für $T > T_2$
	76-80	Zeilennummer (optional)
	1-15	Koeffizient a_6 für $T > T_2$

8. Anhang: Zusammenstellung der thermodynamischen Daten

	3)	16-30	Koeffizient a_7 für $T > T_2$
		31-45	Koeffizient a_1 für $T < T_2$
		46-60	Koeffizient a_2 für $T < T_2$
		61-75	Koeffizient a_3 für $T < T_2$
		76-80	Zeilennummer (optional)
	4)	1-15	Koeffizient a_4 für $T < T_2$
		16-30	Koeffizient a_5 für $T < T_2$
		31-45	Koeffizient a_6 für $T < T_2$
		46-60	Koeffizient a_7 für $T < T_2$
		61-80	Zeilennummer (optional)

Entsprechend den Angaben von Tabelle 7.1 ergibt sich für einen entsprechenden ChemKin-Eintrag die folgende Struktur:

NAME	DATUM	EL	xEL	xEL	xEL	xEL	xG	T_1	T_3	T_2	1
a_1		a_2		a_3		a_4			a_5		2
a_6		a_7		a_1		a_2			a_3		3
a_4		a_5		a_6		a_7					4

8.1 Thermodynamische Daten: Pyrolyse von 1,3-Butadien und 2-Butin

Quelle: [36]

```
1,3-C4H6         H6W/94C   4H   6    0    0G   300.000   3000.000           1
 0.88673134E+01 0.14918670E-01-0.31548716E-05-0.41841330E-09 0.15761258E-12   2
 0.91338516E+04-0.23328171E+02 0.11284465E+00 0.34369022E-01-0.11107392E-04   3
-0.92106660E-08 0.62065179E-11 0.11802270E+05 0.23089996E+02                  4

1,2-C4H6         A 8/83C   4H   6    0    0G   300.     3000.     1000.0     1
 0.1781557E 02 -0.4257502E-02  0.1051185E-04 -0.4473844E-08  0.5848138E-12    2
 0.1267342E 05 -0.6982662E 02  0.1023467E 01  0.3495919E-01 -0.2200905E-04    3
 0.6942272E-08 -0.7879187E-12  0.1811799E 05  0.1975066E 02  0.1950807E+05    4

2-C4H6           A 8/83C   4H   6    0    0G   300.     3000.     1000.0     1
 9.0338133E+00 8.2124510E-03  7.1753952E-06 -5.8834334E-09  1.0343915E-12     2
 1.4335068E+04 -2.0985762E+01 2.1373338E+00  2.6486229E-02 -9.0568711E-06     3
-5.5386397E-19 2.1281884E-22  1.5710902E+04  1.3529426E+01  1.7488676E+04     4

1-C4H6           L10/93C   4H   6    0    0G   200.000  6000.000 1000.       1
 7.81179394E+00 1.79733772E-02-6.61044149E-06 1.05501491E-09-6.19297169E-14   2
 1.61770171E+04-1.59658015E+01 2.42819263E+00 2.49821955E-02 6.27370548E-06   3
-2.61747866E-08 1.26585079E-11 1.80248564E+04 1.36683982E+01 1.98688798E+04   4
```

8. Anhang: Zusammenstellung der thermodynamischen Daten

```
2-C4H5             H6W/94C    4H   5    0    0G    300.000   3000.000                  1
 1.45381710E+01-8.56770560E-03 2.35595240E-05-1.36763790E-08 2.44369270E-12             2
 3.32590950E+04-4.53694970E+01 2.96962800E+00 2.44422450E-02-9.12514240E-06             3
-4.24668710E-18 1.63047280E-21 3.55033160E+04 1.20360510E+01 3.73930550E+04             4

n-C4H5             H6W/94C    4H   5    0    0G    300.000   3000.000                  1
 0.98501978E+01 0.10779008E-01-0.13672125E-05-0.77200535E-09 0.18366314E-12             2
 0.38840301E+05-0.26001846E+02 0.16305321E+00 0.39830137E-01-0.34000128E-04             3
 0.15147233E-07-0.24665825E-11 0.41429766E+05 0.23536163E+02                            4

i-C4H5             H6W/94C    4H   5    0    0G    300.000   3000.000                  1
 0.10229092E+02 0.94850138E-02-0.90406445E-07-0.12596100E-08 0.24781468E-12             2
 0.34642812E+05-0.28564529E+02-0.19932900E-01 0.38005672E-01-0.27559450E-04             3
 0.77835551E-08 0.40209383E-12 0.37496223E+05 0.24394241E+02                            4

C4H4               H6W/94C    4H   4    0    0G    300.000   3000.000                  1
 0.66507092E+01 0.16129434E-01-0.71938875E-05 0.14981787E-08-0.11864110E-12             2
 0.31195992E+05-0.97952118E+01-0.19152479E+01 0.52750878E-01-0.71655944E-04             3
 0.55072423E-07-0.17286228E-10 0.32978504E+05 0.31419983E+02                            4

tC4H4              110203H    4C   4    0    0G    300.000   4000.000  1000.00         1
 0.62124534E+01 0.16223974E-01-0.69934734E-05 0.14161761E-08-0.11079882E-12             2
 0.35137995E+05-0.86342056E+01 0.47217178E+00 0.37731617E-01-0.40663197E-04             3
 0.27193818E-07-0.79860797E-11 0.36478341E+05 0.19721746E+02                            4

n-C4H3             H6W/94C    4H   3    0    0G    300.000   3000.000                  1
 0.54328279E+01 0.16860981E-01-0.94313109E-05 0.25703895E-08-0.27456309E-12             2
 0.61600680E+05-0.15673981E+01-0.31684113E+00 0.46912100E-01-0.68093810E-04             3
 0.53179921E-07-0.16523005E-10 0.62476199E+05 0.24622559E+02                            4

i-C4H3             AB1/93C    4H   3    0    0G    300.000   3000.000                  1
 0.90978165E+01 0.92207119E-02-0.33878441E-05 0.49160498E-09-0.14529780E-13             2
 0.56600574E+05-0.19802597E+02 0.20830412E+01 0.40834274E-01-0.62159685E-04             3
 0.51679358E-07-0.17029184E-10 0.58005129E+05 0.13617462E+02                            4


C2H4               L 1/91C    2H   4   00   00G    200.000   3500.000  1000.000        1
 2.03611116E+00 1.46454151E-02-6.71077915E-06 1.47222923E-09-1.25706061E-13             2
 4.93988614E+03 1.03053693E+01 3.95920148E+00-7.57052247E-03 5.70990292E-05             3
-6.91588753E-08 2.69884373E-11 5.08977593E+03 4.09733096E+00 1.05186890E+04             4

C2H2               L 1/91C    2H   2   00   00G    200.000   3500.000  1000.000        1
 4.14756964E+00 5.96166664E-03-2.37294852E-06 4.67412171E-10-3.61235213E-14             2
 2.59359992E+04-1.23028121E+00 8.08681094E-01 2.33615629E-02-3.55171815E-05             3
 2.80152437E-08-8.50072974E-12 2.64289807E+04 1.39397051E+01 1.00058390E+04             4

C2H3               L 2/92C    2H   3   00   00G    200.000   3500.000  1000.000        1
 3.01672400E+00 1.03302292E-02-4.68082349E-06 1.01763288E-09-8.62607041E-14             2
 3.46128739E+04 7.78732378E+00 3.21246645E+00 1.51479162E-03 2.59209412E-05             3
-3.57657847E-08 1.47150873E-11 3.48598468E+04 8.51054025E+00 1.05750490E+04             4

C2H5               L12/92C    2H   5   00   00G    200.000   3500.000  1000.000        1
 1.95465642E+00 1.73972722E-02-7.98206668E-06 1.75217689E-09-1.49641576E-13             2
 1.28575200E+04 1.34624343E+01 4.30646568E+00-4.18568892E-03 4.97142807E-05             3
-5.99126606E-08 2.30509004E-11 1.28416265E+04 4.70720924E+00 1.21852440E+04             4
```

8. Anhang: Zusammenstellung der thermodynamischen Daten

```
H                 L 7/88H   1   00   00    00G   200.000   3500.000   1000.00        1
 2.50000001E+00-2.30842973E-11 1.61561948E-14-4.73515235E-18 4.98197357E-22           2
 2.54736599E+04-4.46682914E-01 2.50000000E+00 7.05332819E-13-1.99591964E-15           3
 2.30081632E-18-9.27732332E-22 2.54736599E+04-4.46682853E-01 6.19742800E+03           4

H2                TPIS78H   2   00   00    00G   200.000   3500.000   1000.00        1
 3.33727920E+00-4.94024731E-05 4.99456778E-07-1.79566394E-10 2.00255376E-14           2
-9.50158922E+02-3.20502331E+00 2.34433112E+00 7.98052075E-03-1.94781510E-05           3
 2.01572094E-08-7.37611761E-12-9.17935173E+02 6.83010238E-01 8.46810200E+03           4

CH3               L11/89C   1H   3  00    00G   200.000   3500.000   1000.000        1
 2.28571772E+00 7.23990037E-03-2.98714348E-06 5.95684644E-10-4.67154394E-14           2
 1.67755843E+04 8.48007179E+00 3.67359040E+00 2.01095175E-03 5.73021856E-06           3
-6.87117425E-09 2.54385734E-12 1.64449988E+04 1.60456433E+00 1.03663400E+04           4

CH2               L S/93C   1H   2  00    00G   200.000   3500.000   1000.000        1
 2.87410113E+00 3.65639292E-03-1.40894597E-06 2.60179549E-10-1.87727567E-14           2
 4.62636040E+04 6.17119324E+00 3.76267867E+00 9.68872143E-04 2.79489841E-06           3
-3.85091153E-09 1.68741719E-12 4.60040401E+04 1.56253185E+00 1.00274170E+04           4

CH                TPIS79C   1H   1  00    00G   200.000   3500.000   1000.000        1
 2.87846473E+00 9.70913681E-04 1.44445655E-07-1.30687849E-10 1.76079383E-14           2
 7.10124364E+04 5.48497999E+00 3.48981665E+00 3.23835541E-04-1.68899065E-06           3
 3.16217327E-09-1.40609067E-12 7.07972934E+04 2.08401108E+00 8.62500000E+03           4

C3H3              T 5/97C   3H   3   0    0G   200.000   6000.000                    1
 7.14221880E+00 7.61902005E-03-2.67459950E-06 4.24914801E-10-2.51475415E-14           2
 3.89087427E+04-1.25848436E+01 1.35110927E+00 3.27411223E-02-4.73827135E-05           3
 3.76309808E-08-1.18540923E-11 4.01057783E+04 1.52058924E+01 4.16139977E+04           4

C3H2              121686C   3H   2         G  0300.00   5000.00   1000.00            1
 0.06530853E+02 0.05870316E-01-0.01720777E-04 0.02127498E-08-0.08291910E-13           2
 0.05115214E+06-0.01122728E+03 0.02691077E+02 0.01480366E+00-0.03250551E-04           3
-0.08644363E-07 0.05284878E-10 0.05219072E+06 0.08757391E+02                         4

Benzene           H6W/94C   6H   6   0    0G   300.00    3000.000                    1
 0.17246994E+02 0.38420164E-02 0.82776232E-05-0.48961120E-08 0.76064545E-12           2
 0.26646055E+04-0.71945175E+02-0.48998680E+01 0.59806932E-01-0.36710087E-04           3
 0.32740399E-08 0.37600886E-11 0.91824570E+04 0.44095642E+02                         4
Phenyl            H6W/94C   6H   5   0    0G   300.00    3000.000                    1
 0.14493439E+02 0.75712688E-02 0.37894542E-05-0.30769500E-08 0.51347820E-12           2
 0.33189977E+05-0.54288940E+02-0.49076147E+01 0.59790771E-01-0.45639827E-04           3
 0.14964993E-07-0.91767826E-12 0.38733410E+05 0.46567780E+02                         4

AR                120186AR  1              G  0300.00   5000.00   1000.00            1
 0.02500000E+02 0.00000000E+00 0.00000000E+00 0.00000000E+00 0.00000000E+00           2
-0.07453750E+04 0.04366000E+02 0.02500000E+02 0.00000000E+00 0.00000000E+00           3
 0.00000000E+00 0.00000000E+00-0.07453750E+04 0.04366000E+02                         4
```

8.2 Thermodynamische Daten: Pyrolyse von Cyclohexan und 1-Hexen
Quelle: [60]

```
cC6H12 cyclo-      g 6/90C    6H   12    0    0G    200.000   6000.000            1
 1.32145970E+01 3.58243434E-02-1.32110852E-05 2.17202521E-09-1.31730622E-13        2
-2.28092102E+04-5.53518322E+01 4.04357527E+00-6.19608335E-03 1.76622274E-04        3
-2.22968474E-07 8.63668578E-11-1.69203544E+04 8.52527441E+00-1.48294969E+04        4

1-C6H12 1-hexene   P 4/87C    6H   12    0    0G    200.000   6000.000            1
 1.60616093E+01 2.75650562E-02-9.32973368E-06 1.49349013E-09-8.98810268E-14        2
-1.28042951E+04-5.69925586E+01 7.31509054E+00 3.71150329E-03 1.27250318E-04        3
-1.71556964E-07 6.89805935E-11-8.20916507E+03-5.94354365E-01-5.04539654E+03        4

C3H5               T 9/96C    3H    5    0    0G    200.000   6000.000            1
 0.70094568E+01 0.13106629E-01-0.46533442E-05 0.74514323E-09-0.44350051E-13        2
 0.16412909E+05-0.13946114E+02 0.14698036E+01 0.19034365E-01 0.14480425E-04        3
-0.35468652E-07 0.16647594E-10 0.18325831E+05 0.16724114E+02 0.19675772E+05        4

C3H6               C          3H   60   00    0G    300.00    5000.00    1000.00  1
 0.67213974E+01 0.14931757E-01-0.49652353E-05 0.72510753E-09-0.38001476E-13        2
-0.92453149E+03-0.12155617E+02 0.14575157E+01 0.21142263E-01 0.40468012E-05        3
-0.16319003E-07 0.70475153E-11 0.10740208E+04 0.17399460E+02                      4

aC3H4              C          3H   40   00    0G    300.00    5000.00    1000.00  1
 0.63218080E+01 0.11755130E-01-0.46546710E-05 0.85713520E-09-0.59327540E-13        2
 0.19990410E+05-0.11405800E+02 0.45453210E+01 0.45320690E-03 0.41642470E-04        3
-0.52550230E-07 0.20129320E-10 0.21299590E+05 0.17743890E+01                      4

PC3H4              C          3H   40   00    0G    300.00    5000.00    1000.00  1
 0.60892310E+01 0.11866400E-01-0.46685320E-05 0.85588780E-09-0.59055250E-13        2
 0.19466620E+05-0.93572010E+01 0.61101990E+01-0.67416390E-02 0.53216180E-04        3
-0.60988720E-07 0.22487930E-10 0.20406530E+05-0.48582320E+01                      4

C3H3 PROPARGYL     T 5/97C    3H    3    0    0G    200.000   6000.000   1000.    1
 7.14221880E+00 7.61902005E-03-2.67459950E-06 4.24914801E-10-2.51475415E-14        2
 3.89087427E+04-1.25848435E+01 1.35110927E+00 3.27411223E-02-4.73827135E-05        3
 3.76309808E-08-1.18540923E-11 4.01057783E+04 1.52058924E+01 4.16139977E+04        4

C3H7    N          C          3H   70   00    0G    300.00    5000.00    1000.00  1
 0.77026987E+01 0.16044203E-01-0.52833220E-05 0.76298590E-09-0.39392284E-13        2
 0.82984336E+04-0.15480180E+02 0.10515518E+01 0.25991980E-01 0.23800540E-05        3
-0.19609569E-07 0.93732470E-11 0.10631863E+05 0.21122559E+02                      4

C2H4               L 4/85C    2H    4    0    0G    300.000   5000.000   1000.    1
 0.43985453E 01 0.96228607E-02-0.31663776E-05 0.45747628E-09-0.23659406E-13        2
 0.41153203E 04-0.24627438E 01 0.12176600E 01 0.13002675E-01 0.35037447E-05        3
-0.11155514E-07 0.47203222E-11 0.53373828E 04 0.15480169E 02 0.62902830E 04        4

C2H2               L 8/88C    2H    2    0    0G    200.000   6000.000   1000.    1
 0.46587047E+01 0.48840949E-02-0.16083563E-05 0.24698787E-09-0.13861505E-13        2
 0.25663218E+05-0.39979074E+01 0.80869108E+00 0.23361395E-01-0.35516636E-04        3
 0.28014566E-07-0.85004459E-11 0.26332764E+05 0.13939671E+02 0.27349778E+05        4
```

8. Anhang: Zusammenstellung der thermodynamischen Daten

```
CH3                 IU0702C   1H   3    0    0G   200.000  6000.000 1000.        1
 0.29781206E+01 0.57978520E-02-0.19755800E-05 0.30729790E-09-0.17917416E-13       2
 0.16509513E+05 0.47224799E+01 0.36571797E+01 0.21265979E-02 0.54583883E-05       3
-0.66181003E-08 0.24657074E-11 0.16422716E+05 0.16735354E+01 0.17643935E+05       4


H                   L 6/94H   1    0    0    0G   200.000  6000.000 1000.        1
 0.25000000E+01 0.00000000E+00 0.00000000E+00 0.00000000E+00 0.00000000E+00       2
 0.25473660E+05-0.44668285E+00 0.25000000E+01 0.00000000E+00 0.00000000E+00       3
 0.00000000E+00 0.00000000E+00 0.25473660E+05-0.44668285E+00 0.26219035E+05       4

H2  REF ELEMENT     RUS 78H   2    0    0    0G   200.000  6000.000 1000.        1
 0.29328305E+01 0.82659802E-03-0.14640057E-06 0.15409851E-10-0.68879615E-15       2
-0.81305582E+03-0.10243164E+01 0.23443029E+01 0.79804248E-02-0.19477917E-04       3
 0.20156967E-07-0.73760289E-11-0.91792413E+03 0.68300218E+00 0.00000000E+00       4
```

8.3 Thermodynamische Daten: Reaktion von Cyclohexan mit H-Atomen und thermischer Zerfall von 6-Iod-1-Hexen

Quelle: [60]

```
C2H5I               T 2/94C   2H   5I   1    0G   298.150  5000.000 1000.        1
 0.64809111E+01 0.13447817E-01-0.47579710E-05 0.81008580E-09-0.53421203E-13       2
-0.39662060E+04-0.61701523E+01 0.13957728E+01 0.25801118E-01-0.13368068E-04       3
 0.75631068E-09 0.13422883E-11-0.24533839E+04 0.20577483E+02-0.10064333E+04       4

C2H5 ethyl radic    IU1/07C   2H   5    0    0G   200.000  6000.000 1000.        1
 4.32195633E+00 1.23930542E-02-4.39680960E-06 7.03519917E-10-4.18435239E-14       2
 1.21759475E+04 1.71103809E-01 4.24185905E+00-3.56905235E-03 4.82667202E-05       3
-5.85401009E-08 2.25804514E-11 1.29690344E+04 4.44703782E+00 1.43965189E+04       4

I                   J 6/82I   1    0    0    0G   200.000  6000.000 1000.        1
 2.61667712E+00-2.66010320E-04 1.86060150E-07-3.81927472E-11 2.52036053E-15       2
 1.20582790E+04 6.87896653E+00 2.50041683E+00-4.48046831E-06 1.69962536E-08       3
-2.67708030E-11 1.48927452E-14 1.20947990E+04 7.49816581E+00 1.28402035E+04       4

I2                  J 9/61I   2    0    0    0G   300.000  5000.000 1000.        1
 0.44710820E+01 0.10020430E-03-0.14380573E-07 0.27741939E-11-0.19669640E-15       2
 0.61639529E+04 0.58150347E+01 0.41670013E+01 0.14456721E-02-0.22818415E-05       3
 0.17076469E-08-0.47899533E-12 0.62206616E+04 0.72552216E+01 0.75073722E+04       4

HI                  J 9/61H   1I   1    0    0G   300.000  5000.000 1000.        1
 2.91040080E+00 1.56881880E-03-5.92276320E-07 1.05370940E-10-7.03751160E-15       2
 2.25086590E+03 7.86447051E+00 3.69637220E+00-1.42247550E-03 3.01311880E-06       3
-1.26664030E-09-3.50987650E-14 2.10735810E+03 4.08812111E+00 3.17030779E+03       4

H2  REF ELEMENT     RUS 78H   2    0    0    0G   200.000  6000.000 1000.        1
 0.29328305E+01 0.82659802E-03-0.14640057E-06 0.15409851E-10-0.68879615E-15       2
-0.81305582E+03-0.10243164E+01 0.23443029E+01 0.79804248E-02-0.19477917E-04       3
 0.20156967E-07-0.73760289E-11-0.91792413E+03 0.68300218E+00 0.00000000E+00       4
```

8. Anhang: Zusammenstellung der thermodynamischen Daten

```
H                 L 6/94H   1    0    0    0G   200.000   6000.000 1000.               1
 0.25000000E+01 0.00000000E+00 0.00000000E+00 0.00000000E+00 0.00000000E+00              2
 0.25473660E+05-0.44668285E+00 0.25000000E+01 0.00000000E+00 0.00000000E+00              3
 0.00000000E+00 0.00000000E+00 0.25473660E+05-0.44668285E+00 0.26219035E+05              4

cC6H12            g 6/90C   6H  12    0    0G   200.000   6000.000                      1
 1.32145970E+01 3.58243434E-02-1.32110852E-05 2.17202521E-09-1.31730622E-13              2
-2.28092102E+04-5.53518322E+01 4.04357527E+00-6.19608335E-03 1.76622274E-04              3
-2.22968474E-07 8.63668578E-11-1.69203544E+04 8.52527441E+00-1.48294969E+04              4

cC6H11            C     6H  11 1 0    0    0G   300.00    5000.00  1000.00              1
 0.11953160E+02 0.36054810E-01-0.14270630E-04 0.26289290E-08-0.18202300E-12              2
 0.19723910E+04-0.44623210E+02-0.68057580E+00 0.34365240E-01 0.68779930E-04              3
-0.11316470E-06 0.46884340E-10 0.73025330E+04 0.29643140E+02                             4

C6H11-16   5/ 8/ 6 thermc  6H  11    0    0G   300.000   5000.000 1392.000               1
 1.74129892E+01 2.45984185E-02-8.37352752E-06 1.29588349E-09-7.50182758E-14              2
 1.08613574E+04-6.32669814E+01-6.17484828E-01 6.54674092E-02-4.36872486E-05              3
 1.51936842E-08-2.18414423E-12 1.72739396E+04 3.40544957E+01                             4
c6h11-13   5/ 8/ 6 thermc  6H  11    0    0g   300.000   5000.000 1389.000               1
 1.77336550e+01 2.48934775e-02-8.59991450e-06 1.34412828e-09-7.83475666e-14              2
 3.73704139e+03-6.93471508e+01-1.55544944e+00 6.76865602e-02-4.47048635e-05              3
 1.52236630e-08-2.14346377e-12 1.07200366e+04 3.51482658e+01                             4

C4H7-14    4/ 2/97 thermc  4H   7    0    0G   300.000   5000.000 1392.000               1
 1.09215027E+01 1.59294073E-02-5.43642246E-06 8.42695797E-10-4.88353299E-14              2
 1.90921144E+04-3.12721325E+01-4.09581101E-02 4.06024409E-02-2.67339769E-05              3
 9.28995844E-09-1.35368138E-12 2.30309664E+04 2.79985374E+01                             4

C2H3              T06/93C   2H   3    0    0G   200.000   6000.000 1000.                1
 0.47025310E+01 0.72642283E-02-0.25801992E-05 0.41319944E-09-0.24591492E-13              2
 0.34029675E+05-0.14293714E+01 0.30019602E+01 0.30304354E-02 0.24444315E-04              3
-0.35810242E-07 0.15108700E-10 0.34868173E+05 0.93304495E+01 0.36050230E+05              4

C2H4              L 4/85C   2H   4    0    0G   300.000   5000.000 1000.                1
 0.43985453E 01 0.96228607E-02-0.31663776E-05 0.45747628E-09-0.23659406E-13              2
 0.41153203E 04-0.24627438E 01 0.12176600E 01 0.13002675E-01 0.35037447E-05              3
-0.11155514E-07 0.47203222E-11 0.53373828E 04 0.15480169E 02 0.62902830E 04              4

C2H2              L 8/88C   2H   2    0    0G   200.000   6000.000 1000.                1
 0.46587047E+01 0.48840949E-02-0.16083563E-05 0.24698787E-09-0.13861505E-13              2
 0.25663218E+05-0.39979074E+01 0.80869108E+00 0.23361395E-01-0.35516636E-04              3
 0.28014566E-07-0.85004459E-11 0.26332764E+05 0.13939671E+02 0.27349778E+05              4

C3H6              C     3H   6 0 0    0    0G   300.00    5000.00  1000.00               1
 0.67213974E+01 0.14931757E-01-0.49652353E-05 0.72510753E-09-0.38001476E-13              2
-0.92453149E+03-0.12155617E+02 0.14575157E+01 0.21142263E-01 0.40468012E-05              3
-0.16319003E-07 0.70475153E-11 0.10740208E+04 0.17399460E+02                             4

C3H5              T 9/96C   3H   5    0    0G   200.000   6000.000                      1
 0.70094568E+01 0.13106629E-01-0.46533442E-05 0.74514323E-09-0.44350051E-13              2
 0.16412909E+05-0.13946114E+02 0.14698036E+01 0.19034365E-01 0.14480425E-04              3
-0.35468652E-07 0.16647594E-10 0.18325831E+05 0.16724114E+02 0.19675772E+05              4
```

8. Anhang: Zusammenstellung der thermodynamischen Daten

```
aC3H4               C   3H   40   00   0G   300.00   5000.00   1000.00        1
 0.63218080E+01 0.11755130E-01-0.46546710E-05 0.85713520E-09-0.59327540E-13    2
 0.19990410E+05-0.11405800E+02 0.45453210E+01 0.45320690E-03 0.41642470E-04    3
-0.52550230E-07 0.20129320E-10 0.21299590E+05 0.17743890E+01                   4

1,3-C4H6            C   4H   60   00   0G   300.00   3000.00   1000.00        1
 0.98438620E+01 0.15445170E-01-0.57172000E-05 0.10145160E-08-0.68655930E-13    2
 0.90772280E+04-0.28003430E+02 0.11107870E+02-0.63027940E-02 0.53619200E-04    3
-0.59145190E-07 0.21238630E-10 0.96868770E+04-0.29928690E+02                   4
```

Publikationen

1) Journal-Artikel

1. Peukert, S., Naumann, C., Braun-Unkhoff M., **Formation of H-atoms in the pyrolysis of 1,3-butadiene and 2-butyne: a shock tube and modelling study**, *Z. Phys. Chem.* **223** (2009) 427-446

2. Peukert, S., Naumann, C., Braun-Unkhoff, M., Riedel, U., **Formation of H atoms in the pyrolysis of cyclohexane and 1-hexene: A shock tube and modelling study**, *Int. J. Chem. Kinet.* **43** (2011) 107- 119

2) Poster

1. Peukert, S., Naumann, C., Braun-Unkhoff M., **Elementary kinetic investigation on the pyrolysis of the 1,3-butadiene system**, Bunsentagung (2008) der Bunsengesellschaft für physikalische Chemie e. V. in Saarbrücken

2. Peukert, S., Naumann, C., Braun-Unkhoff M., **High Temperature Kinetics of the Pyrolysis of 1,3 Butadiene and 2-Butyne**, European Combustion Meeting (2009) in Wien, Paper Nr. 810110

3. Peukert, S., Naumann, C., Braun-Unkhoff, M., Riedel, U., **Kinetic investigations on the pyrolysis of cyclohexane and its reaction with H-atoms**, Bunsentagung (2010) der Bunsengesellschaft für physikalische Chemie e. V. in Bielefeld

4. Peukert, S., Naumann, C., Braun-Unkhoff, M., Riedel, U., **Shock Tube investigation on the thermal decomposition of cyclohexane and its reaction with H-atoms**, Symposium on gas phase kinetics (2010) in Leuven (Belgien)

3) Vorträge

1. Peukert, S., Braun-Unkhoff, M., Naumann, C., Dürrstein, S., Olzmann M., **Investigation of initial steps of the reaction kinetics of ignition processes**, 2. internationaler workshop des SFB 606, April 2008

2. Peukert, S., Naumann, C., Braun-Unkhoff, M., Riedel, U., **Shock tube investigation on the thermal decomposition of cyclohexane and 1-hexene**, 1st Annual COST (European Co-operation in Science and Technology) Meeting in Nancy, September 2010

I want morebooks!

Buy your books fast and straightforward online - at one of world's fastest growing online book stores! Environmentally sound due to Print-on-Demand technologies.

Buy your books online at
www.morebooks.shop

Kaufen Sie Ihre Bücher schnell und unkompliziert online – auf einer der am schnellsten wachsenden Buchhandelsplattformen weltweit! Dank Print-On-Demand umwelt- und ressourcenschonend produziert.

Bücher schneller online kaufen
www.morebooks.shop

KS OmniScriptum Publishing
Brivibas gatve 197
LV-1039 Riga, Latvia
Telefax: +371 686 204 55

info@omniscriptum.com
www.omniscriptum.com

Printed by Books on Demand GmbH, Norderstedt / Germany